Shahide Dehghan
Hossein Norouzi
Hossein Gholami

Lógica Difusa - Avaliação Básica de Riscos em Engenharia Civil

Shahide Dehghan
Hossein Norouzi
Hossein Gholami

Lógica Difusa - Avaliação Básica de Riscos em Engenharia Civil

ScienciaScripts

Imprint

Cover image: www.ingimage.com

This book is a translation from the original published under ISBN 978-620-8-42245-5.

Publisher:
Sciencia Scripts
is a trademark of
Dodo Books Indian Ocean Ltd. and OmniScriptum S.R.L publishing group

120 High Road, East Finchley, London, N2 9ED, United Kingdom
Str. Armeneasca 28/1, office 1, Chisinau MD-2012, Republic of Moldova, Europe
Managing Directors: Ieva Konstantinova, Victoria Ursu
info@omniscriptum.com

Printed at: see last page
ISBN: 978-620-8-64075-0

Lógica Difusa - Avaliação Básica de Riscos em Engenharia Civil

Shahide Dehghan[1], Hossein Norouzi[2] Hossein Gholami[3]

[1]Departamento de Geografia, Secção de Najafabad, Universidade Islâmica Azad, Najafabad, Irão

[2] Departamento de Engenharia Civil, Isfahan (Khorasgan) Branch, Islamic Azad University, Isfahan, Irão

[3]Departamento de Engenharia Civil, Isfahan (Khorasgan) Branch, Islamic Azad University, Isfahan, Irão

2026

Índice

Prefácio

O ambiente é uma combinação de diferentes conhecimentos em ciência, que inclui um conjunto de factores biológicos e ambientais sob a forma de ambiente e não biológicos (físicos, químicos) que afectam a vida de uma pessoa ou espécie e são afectados por ela. Hoje em dia, esta definição está frequentemente relacionada com o homem e as suas actividades, e o ambiente pode ser resumido como um conjunto de factores naturais da terra, como o ar, a água, a atmosfera, as rochas, as plantas, etc., que rodeiam o homem. A diferença entre ambiente e natureza é que a definição de natureza inclui o conjunto de factores naturais, bióticos e não bióticos, que são considerados exclusivamente, enquanto o termo ambiente é descrito de acordo com as interações entre o homem e a natureza e na perspetiva do homem. A variedade do tempo e a variedade das condições climáticas, o tipo de solo, a diferença de altura e os desníveis são alguns dos factores que levam à criação do ambiente. A superfície da Terra é geralmente dividida em 4 partes, que são a esfera rochosa (litosfera), a esfera da água (hidrosfera), a atmosfera e a biosfera. Alguns cientistas consideram a esfera de gelo como parte desta divisão. Cada uma destas partes inclui diferentes ecossistemas que constituem o ambiente em geral. Os efeitos mais importantes das actividades humanas no solo são: o envenenamento e a erosão, que causam a destruição e a redução das terras agrícolas. Em geral, a erosão do solo é um fenómeno natural provocado por factores como o vento, o escoamento superficial e as mudanças de temperatura. No entanto, actividades humanas como a agricultura excessiva, a irrigação de terras agrícolas, as monoculturas, o pastoreio excessivo de gado em pastagens, a desflorestação e a desertificação provocam a perda do equilíbrio existente entre o processo de destruição e criação do solo e, em última análise, a sua poluição. A poluição do solo pode ser causada pelo aumento dos sais do solo por maquinaria agrícola ou pela poluição direta por pessoas ou fábricas. Neste caso, o solo torna-se infértil e até tóxico para algumas plantas. De acordo com a Organização para a Cooperação e Desenvolvimento Económico, os efeitos mais importantes das actividades humanas na água podem ser resumidos em três casos: consumo excessivo de água e perda de recursos hídricos e poluição das águas superficiais e subterrâneas.

Introdução

Atualmente, o abastecimento de água doce é considerado uma crise grave para alguns países. De acordo com os relatórios desta organização em 2001, se não forem tomadas medidas adequadas, em 2030, 3,9 milhões de pessoas sofrerão desta crise. É de salientar que esta crise irá aumentar com a atual tendência de aumento da população. O aquecimento global também está a contribuir para o esgotamento dos recursos hídricos, especialmente em áreas como a Ásia Central, o Norte de África e as Grandes Planícies dos Estados Unidos. A qualidade da água é outra crise que alguns países estão a enfrentar. O nível de poluição de algumas águas e a sua tendência crescente em muitas partes do mundo é muito preocupante. As águas subterrâneas, os rios e os lagos são fontes importantes de água doce que estão diretamente expostas à poluição causada pelas actividades humanas. Para além da intervenção humana direta, a poluição marinha é também afetada pela poluição da água doce e pelo ciclo da água. As causas da poluição da água podem ser físicas ou químicas: poluição física, como a poluição térmica (utilização da água para arrefecer dispositivos industriais que aumenta a temperatura da água e, por conseguinte, a perda de algumas espécies vegetais ou animais) ou radioactiva (em resultado de acidentes nucleares). Existem muitos tipos diferentes de poluição química e podem resultar da entrada na água de produtos químicos provenientes de fábricas, da agricultura ou de esgotos urbanos. A utilização de pesticidas químicos na agricultura é uma das causas mais importantes da poluição das águas subterrâneas ou superficiais, que provoca diretamente a morte de muitas espécies. Além disso, a utilização de fertilizantes à base de nitratos e fosfatos aumenta a presença destes elementos na água. Como resultado, as bactérias e as algas à superfície da água que se alimentam destes materiais crescem e multiplicam-se rapidamente, provocando a falta de oxigénio dissolvido na água e, consequentemente, a morte da maioria das espécies subaquáticas. A poluição por metais pesados, como o mercúrio, o arsénio, o chumbo e o zinco, resultante das actividades das fábricas, acumula-se nas cadeias alimentares e ameaça a vida de muitos animais e seres humanos.

Corpo do texto

A poluição da água também provoca chuvas ácidas, que são tóxicas para o ambiente. A poluição por hidrocarbonetos (como o petróleo), policlorobifenilos (que são tóxicos e cancerígenos) e outros produtos químicos, como medicamentos, detergentes... são também outros exemplos de poluição química da água. A poluição atmosférica é a entrada direta ou indireta de qualquer elemento, pelo Homem ou por factores naturais, que tem a possibilidade de causar efeitos adversos na saúde humana e no ambiente. Os tipos de poluição atmosférica são Gases químicos tóxicos que são frequentemente o resultado de reacções de combustão. O ozono, que existe nas camadas inferiores da atmosfera, tem efeitos perigosos para a saúde dos seres vivos. Gases resultantes das queimadas, como o dióxido de enxofre, os óxidos de azoto, o monóxido de carbono, o sulfureto de hidrogénio e alguns gases com efeito de estufa. Poeiras e partículas em suspensão no ar. Gases com efeito de estufa, como o dióxido de carbono, o metano e os fluorocarbonetos. Metais pesados como o arsénio, o chumbo, o zinco, o cobre, o crómio, o mercúrio e o cádmio que entram no ar como resultado de actividades industriais. Historicamente, os biomas são semelhantes ao conceito de ecossistemas e são definidos por regiões geográficas, latitude, condições climatéricas relacionadas com o ambiente. Na Terra, as populações de plantas e animais e as condições do seu ambiente de vida são frequentemente designadas por ecossistemas. Os ecossistemas são definidos com base em factores como a estrutura das plantas (como árvores, arbustos e ervas), os tipos de folhas (como folhas largas e agulhas), o espaçamento entre plantas (floresta, mata, savana) e o clima. Ao contrário dos ecogenes, os biomas não são definidos pela genética, taxonomia ou semelhanças históricas. Os ecossistemas são frequentemente caracterizados por padrões específicos de sucessão ambiental e picos de vegetação. Entre os principais factores de perda e destruição dos ecossistemas estão: a queima e o corte de árvores para fornecer carvão e lenha, o corte de árvores para produzir madeira e materiais de construção e industriais. E apontou a expansão excessiva das cidades e das fábricas. O aumento da população e as mudanças no estilo de vida desde a revolução industrial têm sido os factores mais importantes da degradação e degradação ambiental. A diminuição da qualidade dos solos nos próximos 25 anos pode reduzir a produção mundial de alimentos em cerca de 12%, o que pode provocar um aumento de 30% nos preços mundiais dos alimentos. A destruição dos recifes de coral devido à introdução de produtos químicos nocivos, a descarga de esgotos perigosos no mar, o aumento da temperatura da água e a sobrepesca reduzirão o número de pescadores e de barcos de pesca. A desflorestação e a destruição das florestas têm efeitos negativos sobre o ecossistema florestal, os recursos de água doce da floresta, a qualidade da água e os meios de subsistência das pessoas que vivem nas florestas. O aumento da poluição da água afecta o acesso à água doce e conduz à contaminação das fontes alimentares e à destruição dos ecossistemas, tendo assim muitas consequências negativas para a saúde humana. O ambiente refere-se a todos os meios em que a vida tem lugar. Um conjunto de factores físicos externos e de organismos vivos que interagem entre si formam o ambiente e afectam o crescimento, o desenvolvimento e o comportamento dos organismos. A proteção do ambiente no século XXI é reconhecida como um dos oito Objectivos de Desenvolvimento do Milénio e um dos três fundamentos do desenvolvimento sustentável. Um conjunto de factores físicos externos e de organismos vivos que interagem entre si formam o ambiente e afectam o crescimento e o comportamento dos organismos. A proteção do ambiente no século XXI é reconhecida como um dos oito Objectivos de Desenvolvimento do Milénio e um dos três pilares do desenvolvimento sustentável. O ambiente natural é uma combinação de diferentes conhecimentos da ciência, a partir do conjunto de factores biológicos e ambientais, principalmente o ambiente biológico e não biológico (físico, químico) que afectam a vida de uma pessoa ou espécie e são afectados por ela. Hoje em dia, esta definição está frequentemente relacionada com o homem e as suas actividades, e o ambiente pode ser resumido como um conjunto de factores naturais da terra, como o ar, a água, a atmosfera, as rochas, as plantas, etc., que rodeiam o homem. A diferença entre ambiente e natureza é que a definição de natureza inclui o conjunto de factores naturais, bióticos e não bióticos, que são exclusivamente considerados, enquanto o termo ambiente é descrito de acordo com as interações entre o homem e a natureza e do seu ponto de vista. A superfície da terra é geralmente dividida em 4 partes, que são a litosfera, a hidrosfera, a atmosfera e a biosfera. Alguns cientistas consideram o globo de gelo como parte desta divisão. Cada uma destas partes inclui diferentes ecossistemas que constituem o ambiente em geral: Principais ecossistemas aquáticos, Habitats fronteiriços entre a terra e o mar, Os principais habitats terrestres, Os principais habitats do globo, biosfera. De acordo com o relatório da Organização para a Cooperação e Desenvolvimento Económico de 2001, quase todos os factores ambientais foram afectados pelas actividades humanas. Os efeitos mais importantes das actividades humanas no solo são o envenenamento e a erosão, que causam a destruição e a redução das terras agrícolas. Em geral, a erosão do solo é um fenómeno natural provocado por factores como o vento, o escoamento superficial e as mudanças de temperatura. No entanto, as actividades humanas, como a agricultura excessiva, a irrigação agrícola, as monoculturas, o sobrepastoreio do gado nas pastagens, a desflorestação e a desertificação, provocam a perda do equilíbrio existente entre o processo de destruição e de criação do solo e, em última análise, a poluição do solo. Esta pode ser causada pelo aumento dos sais do solo pela maquinaria agrícola ou pela sua poluição direta por pessoas ou fábricas. Neste caso, o solo torna-se infértil e até tóxico para algumas plantas. De acordo com a Organização para a Cooperação e Desenvolvimento Económico, os efeitos mais importantes das actividades humanas na água podem ser resumidos em três casos: consumo excessivo de água e perda de recursos hídricos, e poluição das águas superficiais e subterrâneas. . Atualmente, o abastecimento de água doce é considerado uma crise grave para alguns países. O aquecimento global também contribui para a perda de recursos hídricos, especialmente em zonas como a Ásia Central, o Norte de África e as grandes planícies dos Estados Unidos. A qualidade da água é outra crise que alguns países estão a enfrentar. O nível de poluição de algumas águas e a sua tendência crescente em muitas partes do mundo é muito preocupante. Os aquíferos subterrâneos, os rios e os lagos são fontes importantes de água doce que estão diretamente expostas à poluição causada pelas actividades humanas. Para além da intervenção humana direta, a poluição marinha é também influenciada pela poluição da água doce e pelo ciclo da água. Poluição física, como a poluição térmica (consumo de água para arrefecimento de aparelhos industriais, que provoca o aumento da temperatura da água e, em última análise, a destruição de algumas espécies vegetais ou animais) ou radioactiva (em resultado de acidentes nucleares). As poluições químicas são muito diversas e podem resultar da entrada na água de produtos químicos provenientes de fábricas, da agricultura ou de esgotos urbanos. A utilização de pesticidas na agricultura é uma das causas importantes da poluição das águas subterrâneas ou superficiais, que provoca diretamente a morte de muitas espécies. Além disso, a utilização de fertilizantes à base de nitratos e fosfatos aumenta a presença destes elementos na água. Como resultado, as bactérias e as algas à superfície da água que se alimentam destes materiais crescem e aumentam rapidamente, causando a falta de oxigénio dissolvido na água e, consequentemente, a morte da maioria das espécies subaquáticas. A poluição por metais pesados, como o mercúrio, o arsénico, o chumbo e o zinco, que resulta das actividades das fábricas, acumula-se nas cadeias alimentares e ameaça a vida de muitos animais e seres humanos. A poluição da água também provoca chuvas ácidas, que são tóxicas para o ambiente. A poluição por hidrocarbonetos (como o petróleo), os policlorofenilos (tóxicos e cancerígenos) e outros produtos químicos, como medicamentos, detergentes, etc., são também outros exemplos de poluição química da água. A poluição atmosférica é a introdução direta ou indireta de qualquer elemento pelo homem, que pode causar efeitos adversos na saúde humana e no ambiente. Os tipos de poluição atmosférica incluem: gases químicos tóxicos que são frequentemente o resultado de reacções de combustão: O ozono, cuja presença nas camadas inferiores da atmosfera tem efeitos perigosos para a saúde dos seres vivos. Os gases resultantes das queimadas, como o dióxido de enxofre, os óxidos de azoto, o monóxido de carbono, o sulfureto de hidrogénio e alguns gases com efeito de estufa. Poeiras e vestígios aéreos. Gases com efeito de estufa, como o dióxido de carbono, o metano e os fluorocarbonetos. Metais pesados como o arsénio, o chumbo, o zinco, o cobre, o crómio, o mercúrio e o cádmio, que entram no ar em resultado das actividades industriais. A atual tendência do consumo de energia no mundo confrontou a humanidade com duas grandes crises: a poluição ambiental e a aceleração crescente do esgotamento dos recursos energéticos. A poluição ambiental, o fenómeno das alterações climáticas e a não-renovabilidade contam-se entre os principais desafios da utilização de recursos energéticos fósseis. A tendência devida a um desenvolvimento insustentável, a padrões incorrectos de consumo de energia, ao aumento da população, etc., tem vindo a acentuar-se nos últimos anos. A forma de produzir e utilizar os vectores de energia em diferentes sectores de consumo é um dos factores eficazes na criação de poluição ambiental a uma escala local, regional e internacional. A biomassa é uma das mais importantes fontes de energia renovável. A tecnologia do biogás é muito promissora para os agricultores devido à sua maior eficiência. Fontes de energia O biogás produz diferentes tipos de energia, como a eletricidade e o calor. A biomassa é uma das energias renováveis e uma das primeiras fontes de produção de energia no mundo. O biogás é produzido durante o processo anaeróbio por microrganismos denominados digestores anaeróbios. A contabilidade ambiental fornece informações que ajudam os gestores na avaliação, na tomada de decisões e na elaboração de relatórios. No início dos debates sobre a contabilidade ambiental, as empresas não queriam divulgar as perdas ambientais nas suas demonstrações financeiras. Ter um ambiente saudável e limpo é muito importante para todas as pessoas. Os pescadores dão importância a um oceano e a uma água do mar limpos e não poluídos, os agricultores a solos não tóxicos e os consumidores a produtos limpos que não prejudiquem a sua saúde. A proteção básica do ambiente é uma abordagem eficaz baseada nas experiências dos agentes ambientais em todo o mundo e parece que, se prestarmos atenção aos seus requisitos, enquadramentos e métodos, podemos esperar um movimento sustentável na proteção ambiental. Devido ao facto de a promoção e a educação ambiental terem um papel importante e fundamental na proteção básica do ambiente. Com a aquisição da ciência e da indústria pelos seres humanos e a utilização dos recursos hídricos para a extração de petróleo e minerais e o seu comércio através dos mares, atraiu a atenção da comunidade mundial para a preservação do ambiente dos mares e, para proteger este ambiente aquático, foram emitidas orientações e requisitos. através de convenções e conferências internacionais para que os países do mundo considerem que talvez este trabalho possa ser um obstáculo à poluição marinha e proteger o ambiente dos mares. Nos últimos anos, temos assistido ao crescimento crescente da tecnologia e a desenvolvimentos rápidos e abrangentes no sector da construção. Embora estes desenvolvimentos conduzam à produtividade e ao crescimento económico e à prosperidade, causarão novas preocupações e desafios em vários domínios, incluindo a saúde, a segurança e o ambiente. É evidente que o crescimento cada vez maior da tecnologia provoca uma definição cada vez mais ampla de vários projectos na indústria da construção e, consequentemente, aumenta a utilização de mão de obra, materiais e ferramentas. Este problema provoca efeitos adversos na saúde humana, na segurança e no ambiente, pelo que é necessário prestar atenção à gestão sistemática da SSA no sector da construção. É também importante notar que a redução de acidentes causados pelo trabalho é muito importante para os beneficiários do projeto devido aos seus benefícios, pelo que, normalmente, nos projectos, os programas que conduzem à redução de acidentes são muito atractivos para os gestores de projectos. É aqui que a gestão de HSE em projectos de construção entra em ação como uma área decisiva e chave, e ao combinar-se com a gestão de riscos do projeto, reduz os custos e as consequências desagradáveis da vida e projectos financeiros. Nesta investigação, é analisado o papel do sistema de gestão de HSE no alcance do desenvolvimento sustentável, o efeito da formação dos gestores de projeto na redução de acidentes, as soluções para melhorar a segurança, um modelo para o desenvolvimento do sistema de gestão de HSE e a eficácia dos programas de segurança para reduzir os acidentes causados pelo trabalho. Atualmente, com o aumento da consciencialização das pessoas para a importância da proteção do ambiente, tem-se dado mais atenção aos produtos que têm menos impacto no ambiente. Neste sentido, é muito importante investigar os efeitos de diferentes produtos, incluindo a cola, no ambiente. As colas podem afetar o ambiente no seu processo de produção e durante a utilização. Algumas colas contêm substâncias químicas especiais que, se libertadas no ambiente, podem prejudicar as plantas, os animais e os seres humanos. Algumas soluções para reduzir os efeitos das colas no ambiente incluem a utilização de tecnologias de produção de colas. Adesivos recicláveis e mais duráveis. A escolha de matérias-primas com menos impacto no ambiente é um dos métodos eficazes. Por exemplo, a utilização de solventes biológicos em vez de solventes à base de petróleo, ou a utilização de polímeros biológicos em vez de polímeros sintéticos. Devido às desvantagens dos adesivos sintéticos, pensámos em produzir adesivos naturais, orgânicos e artesanais para podermos utilizar adesivos orgânicos. Vamos produzi-las com elevadas propriedades de aderência sem ter as desvantagens das colas sintéticas e de fábrica. As colas vegetais contêm principalmente hidratos de carbono. Estas colas têm a capacidade de se dissolver na água e podem ser suspensas na água e podem ser facilmente obtidas a partir de fontes naturais. Quase todas as colas vegetais têm por base o amido e a dextrina, que são obtidos a partir de fontes vegetais disponíveis no mundo. A globalização é uma era com contradições que trouxe mudanças rápidas e problemas contínuos para a sociedade humana em diferentes dimensões. Isto significa o crescimento da interdependência entre economias e sociedades através da globalização da informação, tecnologia, serviços, capital e investimento, o que tem desafiado a capacidade tradicional dos governos para controlar este fenómeno. A elevada velocidade da integração económica conduziu à formação de mercados e economias globais interdependentes, e lidar com os efeitos negativos desta situação exige a sincronização de políticas jurídicas em diferentes dimensões. Uma das dimensões desta coordenação é no domínio dos direitos ambientais, devido aos interesses comuns e aos interesses da comunidade mundial na sua proteção jurídica. O comércio livre é um conceito que tem tentado obter uma definição definitiva e vinculativa sob a forma de documentos internacionais. Os documentos comerciais internacionais são acordos que foram estabelecidos na sequência de relações multilaterais a nível mundial e regional. Os conflitos armados, sejam eles quais forem e onde quer que ocorram neste planeta, têm várias consequências, uma das mais importantes das quais é A destruição e os danos causados ao ambiente, a fim de proteger o ambiente em conflitos armados internacionais, foram formuladas regras para proteger o ambiente em vários domínios do direito internacional, e os princípios e regras da responsabilidade internacional dos governos devido à destruição do ambiente em conflitos. E foi explicada a sua obrigação de indemnizar os danos. Atualmente, estas áreas estão geralmente sujeitas às regras gerais de responsabilidade internacional do direito internacional geral, o que, devido ao progresso significativo do direito internacional do ambiente e do direito penal internacional nas últimas décadas, torna necessário o desenvolvimento de regras específicas de responsabilidade internacional para proteger o ambiente em conflitos armados internacionais. A urbanização e o seu desenvolvimento estão relacionados com a poluição ambiental, nomeadamente a poluição atmosférica. Os compostos orgânicos voláteis são poluentes atmosféricos muito importantes. Este grupo de compostos orgânicos tem grande importância económica e inclui vários milhares de compostos diferentes, muitos dos quais são utilizados como solventes. A exposição a poluentes como o benzeno, o tolueno, o etilbenzeno e o xileno (BTEX), para além de causar inúmeros efeitos na saúde, incluindo a morte prematura, também afecta negativamente o sistema respiratório e os pulmões humanos. Entre estes compostos, o benzeno é classificado como cancerígeno. Os compostos BTEX são classificados como compostos orgânicos voláteis não metânicos (COV). As fontes de emissão de compostos orgânicos voláteis incluem o processo de combustão, o fumo dos cigarros, a evaporação da gasolina e uma série de actividades industriais, como os processos petroquímicos, o armazenamento e a distribuição de tintas e solventes. O benzeno, enquanto hidrocarboneto aromático com um tempo de vida relativamente longo, é um composto cancerígeno e o mais perigoso dos compostos BTEX. Devido à falta de reconhecimento adequado ou à falta de compreensão da rápida vulnerabilidade das águas subterrâneas, tem havido muitas negligências. Temos permitido que a gasolina e outros líquidos nocivos se infiltrem dos reservatórios subterrâneos para os aquíferos subterrâneos. Os poluentes infiltram-se nos aquíferos a partir de aterros sanitários ou de sistemas de esgotos construídos de forma incorrecta. As águas subterrâneas são poluídas através do escoamento de campos agrícolas fertilizados e de zonas industriais. Os proprietários de casas poluem as águas subterrâneas ao deitarem produtos químicos nos esgotos ou no solo. O relatório do Banco Mundial pode ser visto como um aviso aos responsáveis e guardiães da água no Irão. O facto é que, apesar de a maior parte da água potável no Irão ser fornecida a partir de poços e fontes subterrâneas, o controlo para evitar a penetração da poluição nas fontes de água subterrâneas não tem sido efectuado da melhor forma e o nível de poluição dos lençóis de água subterrâneos é todos os anos superior ao do ano anterior. A presença de indústrias e fábricas sem sistemas de evacuação de águas residuais no país, especialmente nas grandes cidades, o rápido crescimento da população e a falta de informação exacta às pessoas sobre os perigos de uma evacuação inadequada das águas residuais e dos efluentes domésticos e industriais, etc., são as razões mais importantes para o aumento da poluição. Está nos lençóis de água subterrâneos. Tudo o que nos rodeia e está relacionado com a vida das pessoas é designado por ambiente, que inclui a água, o solo, o ar, etc. O ambiente desempenha um papel importante na vida das pessoas na sociedade, e é importante prestar atenção à saúde e tentar melhorar a sua saúde, para o retirar novamente da poluição criada. Ambiente em farsi significa que rodeia e engloba o mundo e o seu equivalente em inglês é Environment (ambiente variável e instável). Em geral, pode dizer-se que ambiente é um termo abrangente para descrever condições como o local, a temperatura, a luz, a água, etc., em que vivem os organismos vivos. Mas o meio ambiente é estudado quando se consideram as relações entre os seus elementos constituintes e componentes e, por isso, a ciência da ecologia ou ecologia estuda essas relações. Por outras palavras, a ecologia é o estudo da relação entre os organismos vivos e o ambiente. A vida da humanidade num ambiente saudável e a utilização de ar, solo e água não poluídos é o direito natural de cada ser humano, e o homem, de acordo com a sua natureza e os sistemas que existem na sua criação, necessita de ar puro e de um ambiente natural saudável, de luz solar suficiente, de uma alimentação saudável, de paz e conforto, de temperatura e humidade equilibradas e de pressão atmosférica e, finalmente, de condições adequadas para a utilização de diferentes instrumentos. Com a ocorrência da revolução industrial e a utilização de energias fósseis na indústria e na combustão e, finalmente, na sequência do desenvolvimento das cidades e da expansão e avanço da tecnologia no mundo, registaram-se enormes alterações no modo de vida humano e, consequentemente, no ambiente humano, que, dia após dia, provocaram essas alterações. Os cientistas e os ambientalistas estão cada vez mais preocupados. Os graves danos causados ao ambiente terrestre e a luta da humanidade pela sobrevivência fizeram com que todas as nações do mundo se unissem. Este facto mostra que a crise ambiental mundial ganhou consciência global, mas ainda não existe uma solução social adequada para lidar com esta crise. De tal forma que os cientistas e líderes empresariais americanos consideram os defensores do ambiente como pessoas corruptas e os líderes políticos dos países do terceiro mundo consideram as reivindicações destas pessoas como uma tentativa de impedir a participação destes países no processo de industrialização. Portanto, podemos afirmar com segurança que a maioria da população mundial não tem uma compreensão correta da crise ambiental.

A questão da proteção ambiental nas operações mineiras tem atraído a atenção dos especialistas neste domínio há vários anos nos países em desenvolvimento. Enquanto nos países desenvolvidos e industrializados, esta questão é um dos assuntos do dia e os planeadores das organizações executivas têm realizado estudos e investigações aprofundados neste domínio, o que se deve à importância do tema de investigação. O presente projeto começará por fazer uma breve análise da crise dos recursos minerais no mundo e, de facto, a extensão da existência e a possibilidade de acesso a esses recursos nos próximos anos. mas no capítulo seguinte, o problema será examinado de um ângulo diferente e mais detalhado e, de facto, analisa a necessidade da geoquímica e dos recursos minerais, porque muitos problemas ambientais exigem uma compreensão dos princípios básicos da geoquímica, que se move Aldosters são dominantes. E, na outra parte, tem um olhar geral, mas mais recente, sobre os efeitos ambientais dos três principais sectores das operações mineiras, ou seja, exploração, extração e processamento de minerais. São introduzidos os metais pesados, que são considerados um dos poluentes ambientais mais importantes, e depois investigados os efeitos do chumbo, um dos metais pesados mais frequentes e tóxicos, no comportamento das crianças e também no comportamento antissocial dos rapazes. Os resultados destas investigações mostram que, nas crianças expostas ao chumbo, pode observar-se uma diminuição do QI, deficiências na fala, uma diminuição da memória a curto prazo, uma diminuição da velocidade das reacções, hiperatividade, elevada irritabilidade e outros comportamentos negativos. Além disso, com base nesta investigação, os comportamentos anti-sociais mostram um maior aumento nos rapazes que estiveram mais em contacto com este poluente do que os outros rapazes. As substâncias poluentes que entram no ambiente ou são de origem natural ou são criadas como resultado das acções humanas. A maioria dos poluentes naturais não se concentra num único local e decompõe-se de forma inofensiva. Pelo contrário, o tipo mais grave de poluição humana ocorre perto de cidades ou zonas industriais, ou seja, onde os poluentes se concentram no ar, na água e no solo num volume denso e reduzido. Para além disso, muitos dos poluentes humanos são compostos químicos que não se decompõem de forma natural. Portanto, qualquer cidade ou ponto que esteja localizado nas proximidades de um fator económico poluente. Sem dúvida, foi afetado e os seus efeitos podem ser vistos nos aspectos sociais, económicos e ambientais. A poluição do ambiente em todas as suas partes (água, solo, ar e plantas) é um problema cujos efeitos nocivos se farão sentir a longo prazo. De facto, o solo é a parte mais sensível e vital da terra. Para além do papel que desempenham na continuação da vida, os solos deixaram também um impacto importante na evolução e mesmo na origem da vida. Naturalmente, as actividades industriais e a consequente poluição dos solos têm efeitos irreparáveis nas nossas vidas, e conhecer as fontes poluentes e prevenir a poluição dos solos torna possível a utilização óptima dos recursos e minimiza os riscos ambientais. Tendo em conta a importância do solo como recurso importante e essencial na produção da riqueza da sociedade e nos planos de desenvolvimento e saúde da sociedade, devemos prestar atenção suficiente ao programa de saúde e proteção do solo e tentar evitar a poluição ou manter a sua qualidade natural. Um dos factores que limitam a gestão global dos recursos naturais são os recursos científicos. As fontes de informação sobre a natureza, a extensão e a gravidade da destruição dos recursos naturais nas diferentes regiões do país são limitadas e a tendência é para se concentrar nos sinais visíveis da destruição dos solos, em vez de abordar as suas principais causas. A recolha e harmonização de informação de diferentes fontes e departamentos é uma grande limitação devido à complexidade e abrangência do conteúdo. Além disso, a integração das questões económico-sociais e ambientais dificulta a abordagem do desenvolvimento sustentável. Em relação à gestão sustentável dos recursos naturais no Irão e ao combate à desertificação, foram tomadas iniciativas e medidas, mas estas iniciativas situam-se principalmente a nível local e a documentação dos processos de trabalho e dos ensinamentos não foi feita ou foi muito fraca. Consequentemente, o acesso à informação e às experiências bem sucedidas que poderiam ser utilizadas para novos projectos e iniciativas não é facilmente acessível. Por outro lado, a falta de integração e de abrangência dos modelos de desenvolvimento convencionais provoca uma crise na estabilidade da terra, ameaça e destruição dos recursos naturais, injustiça e instabilidade na produtividade económica, problemas ambientais, problemas de saúde, erosão, morte biológica, crise da água, crise dos nitratos, aumento dos gases com efeito de estufa e perturbação dos equilíbrios ecológicos na terra. Por esta razão, em vez de enfatizar a transferência de serviços, medidas físicas e de hardware e a transferência de tecnologias mais recentes, a melhoria das competências na aplicação da gestão colaborativa baseada no ciclo da informação desempenha um papel importante nas novas estratégias para alcançar o desenvolvimento sustentável, que visam capacitar e envolver conscientemente as comunidades locais, especialmente no sector rural e os pequenos agricultores, são realizadas no âmbito das operações de investigação e desenvolvimento. A proteção do ambiente é um dos principais deveres das gerações presentes e futuras, pelo que, atualmente, a proteção do ambiente é considerada um dos pilares importantes dos direitos humanos. O ambiente deve ser preservado não só para a geração atual, mas também para as gerações futuras. A produção acumulada de resíduos sólidos e de resíduos rurais, devido ao aumento da população e à alteração do padrão de consumo nas comunidades urbanas e rurais, tem causado poluição ambiental e, consequentemente, colocado em perigo a saúde e a higiene das pessoas na comunidade. Este problema nas comunidades rurais deve-se ao ambiente da aldeia. A vida limpa é mais importante. Infelizmente, apesar do nosso conhecimento e consciência das leis científicas e das relações na natureza, o processo de destruição e exploração indiscriminada dos recursos ambientais é muito maior do que as soluções que se pensam para o evitar. Todas as actividades humanas têm um efeito sobre o ambiente, pelo que a danificação de qualquer parte deste constituirá uma séria ameaça para todo o ciclo de vida. Devido ao impacto destas acções, os desafios ambientais na era atual passaram de uma questão pessoal e regional para uma questão global. O homem e o ambiente em que vive são sempre duas palavras que podem ser pensadas e debatidas, que têm sido questionadas com base nas obras deixadas pelos antecessores e para além dos séculos e até milhares de anos atrás, e que têm sido estudadas em todas as épocas de acordo com o presente e com o progresso humano e de diferentes perspectivas. Não há dúvida de que a natureza e o ambiente de vida e o tipo climático da região sempre forneceram as bênçãos dadas por Deus à humanidade sem hesitação e satisfizeram os seus desejos desde as necessidades mais básicas até às últimas. Como estas dependências aumentaram de dia para dia e uma pessoa nem sequer pensou em separar-se de um ambiente de vida adequado por um momento e tem procurado constantemente uma mãe, uma habitação e o ambiente desejado em migração e luta. O desenvolvimento da sociedade humana tem continuado. Mas agora, com as mudanças e as diferenças que surgiram entre os seres humanos em diferentes cantos do seu ambiente de vida, este equilíbrio natural foi perturbado. Paralelamente à industrialização das sociedades humanas, a produtividade da natureza, do seu clima e das suas bênçãos aumentou exponencialmente e de forma indiscriminada. Nem mesmo a natureza é capaz de purificar o lixo produzido pelo homem. Um rápido olhar sobre os países industrializados desenvolvidos revela a distância entre o homem e o meio ambiente e a rutura das dependências emocionais humanas. O homem de hoje poluiu tanto o ambiente com as suas mãos que, nalguns países industrializados, nem sequer o ar de que necessita para respirar está facilmente disponível para ele. A proteção do ambiente é a resposta a uma das necessidades da sociedade atual para preservar mais o ambiente e respeitar os direitos públicos, e a destruição do ambiente é o resultado das desigualdades sociais e da utilização incorrecta da natureza e é um dos factores que violam os direitos humanos. Ao olhar para os textos religiosos, podemos ver que o ambiente e a atenção para garantir a sua saúde e avançar para um ambiente saudável são direitos humanos básicos; tal como a destruição do ambiente é o resultado do não reconhecimento dos direitos humanos. O homem, como a melhor das criaturas e sucessor de Deus na terra, tem o direito de usar as bênçãos divinas. Mas esse uso não deve ser tal que o direito de outros beneficiarem dessa bênção divina seja posto em perigo. Por outras palavras, tal como o homem tem o direito de usar e beneficiar de um ambiente saudável, também é responsável por usá-lo corretamente. O ambiente refere-se a todos os meios em que a vida tem lugar. Um conjunto de factores físicos externos e de organismos vivos que interagem entre si formam o ambiente e afectam o crescimento, o desenvolvimento e o comportamento dos organismos. O ambiente é uma combinação de diferentes conhecimentos em ciência, que inclui um conjunto de factores biológicos e ambientais sob a forma de ambiente e não biológicos (físicos, químicos) que afectam e são afectados pela vida de um indivíduo ou espécie. Hoje em dia, esta definição está frequentemente relacionada com o homem e as suas actividades, e o ambiente pode ser resumido como um conjunto de factores naturais da terra, como o ar, a água, a atmosfera, as rochas, as plantas, etc., que rodeiam o homem. A diferença entre ambiente e natureza é que a definição de natureza inclui o conjunto de factores naturais, bióticos e não bióticos, que são considerados exclusivamente, enquanto o termo ambiente é descrito de acordo com as interações entre o homem e a natureza e na perspetiva humana. Os efeitos mais importantes das actividades humanas no solo são: o envenenamento e a erosão, que causam a destruição e a redução das terras agrícolas. Em geral, a erosão do solo é um fenómeno natural provocado por factores como o vento, o escoamento superficial e as mudanças de temperatura. No entanto, as actividades humanas como a agricultura excessiva, a irrigação de terras agrícolas, as monoculturas, o pastoreio excessivo de gado em pastagens, a desflorestação e a desertificação provocam a perda do equilíbrio existente entre o processo de destruição e criação do solo e, finalmente, a sua poluição. A razão para a transformação e destruição do ambiente deve-se à falta de consciência ou falta de atenção ao ambiente circundante, à falta de educação ambiental, bem como ao egoísmo humano e ao afastamento dos valores e costumes do passado para o preservar e apoiar. . O passo mais eficaz para preservar o ambiente é mudar o comportamento humano. Ou seja, as pessoas devem avaliar o seu comportamento face ao ambiente de forma a atingir um carácter estável e os princípios de coexistência com a natureza. Atualmente, o ambiente está sujeito a graves ameaças a nível nacional e mundial. A lista dessas ameaças é numerosa, desde o aquecimento do clima da Terra até à perda da diversidade biológica e aos tipos de poluição que os seres humanos, voluntária ou involuntariamente, impõem ao planeta. É necessário encontrar as causas destas ameaças e tomar medidas para reduzir ou eliminar cada uma delas. Uma vez que a consecução de um ambiente saudável em qualquer país está relacionada com a consciencialização do público em geral dessa sociedade, a educação pode ser muito eficaz nesta matéria. A educação ambiental baseia-se na crença de que os seres humanos podem viver em harmonia com a natureza e, nesse sentido, podem tomar decisões informadas que prestem atenção às gerações futuras, e prestar atenção às gerações futuras é o objetivo da educação. A tendência crescente de crescimento da população, a industrialização das sociedades, o aumento da produtividade ao longo do tempo e a preferência pelo conforto, comodidade e facilidade de utilização provocaram um crescimento sem precedentes da procura de alimentos e ingredientes alimentares prontos a consumir e semi-preparados. Esta necessidade provocou melhorias significativas na indústria alimentar e, consequentemente, na embalagem de alimentos para disponibilizar alimentos seguros e saudáveis. A aplicação de materiais de embalagem foi além do transporte de produtos. Atualmente, o principal objetivo é manter a qualidade, o valor nutricional, a segurança, aumentar o tempo de utilização e o prazo de validade, e minimizar a deterioração dos produtos, juntamente com a sua comercialização e economia. Este facto fez com que fosse dada menos atenção à outra dimensão da embalagem, que inclui os aspectos da migração química e da entrada dos ingredientes da embalagem no produto, a reciclagem destes materiais, os principais desafios e os seus efeitos no ambiente e, inversamente, o seu efeito na saúde humana. Com a aquisição da ciência e da indústria pelos seres humanos e a utilização dos recursos hídricos para extrair petróleo e minerais e comercializá-los através dos mares, atraiu a atenção da comunidade mundial para a preservação do ambiente dos mares e, para proteger este ambiente aquático, foram emitidas diretrizes. Além disso, os países do mundo têm em conta as exigências impostas pelas convenções e conferências internacionais, que podem constituir um obstáculo à poluição marinha e à proteção do ambiente marinho. As convenções internacionais para proteger o ambiente dos mares reconheceram aos países de bandeira e aos países costeiros a responsabilidade civil e penal internacional e comprometeram-nos a proteger o ambiente dos mares e a prevenir a poluição marinha. Relativamente a este tipo de poluição, como a poluição causada por terra ou a poluição causada por resíduos, a poluição causada pela navegação, etc., apresentou soluções e pediu aos países costeiros da região que tomassem as medidas necessárias para preservar o ambiente desse mar. A Comissão Europeia, através de convenções regionais e do estabelecimento de regras, deveria ter lugar e obrigar os países costeiros dessa região a preservar o ambiente marinho e a prevenir a poluição. Mas apesar de todas estas convenções internacionais para preservar o ambiente dos mares, é necessário verificar a sua eficácia. A globalização é uma era de contradições que trouxe mudanças rápidas e problemas contínuos para a sociedade humana em diferentes dimensões. Isto significa o crescimento da interdependência entre as economias e as sociedades através da globalização da informação, da tecnologia, dos serviços, do capital e do investimento, o que tem desafiado a capacidade tradicional dos governos para controlar este fenómeno. A elevada velocidade da integração económica conduziu à formação de mercados e economias globais interdependentes, e lidar com os efeitos negativos desta situação exige a sincronização de políticas jurídicas em diferentes dimensões. Uma das dimensões desta coordenação é no domínio dos direitos ambientais, devido aos interesses comuns e aos interesses da comunidade internacional na sua proteção jurídica. O comércio livre é um conceito que tem tentado obter uma definição definitiva e vinculativa sob a forma de documentos internacionais. Os documentos comerciais internacionais são acordos que foram estabelecidos na sequência de relações multilaterais a nível mundial e regional. Atualmente, o melhor documento internacional de comércio multilateral é o acordo da Organização Mundial do Comércio. Os conflitos armados, sejam eles quais forem e onde quer que ocorram no planeta, têm várias consequências, uma das mais importantes das quais é a destruição e os danos. É para o ambiente que, para proteger o ambiente nos conflitos armados internacionais, foram formuladas regras de proteção do ambiente em vários domínios do direito internacional e explicados os princípios e regras da responsabilidade internacional dos governos resultante da destruição do ambiente nos conflitos e que os obriga a indemnizar os danos. Atualmente, estes domínios estão geralmente sujeitos às regras gerais de responsabilidade internacional do direito internacional geral, o que, devido aos progressos significativos do direito internacional do ambiente e do direito penal internacional nas últimas décadas, torna necessário o desenvolvimento de regras específicas de responsabilidade internacional para proteger o ambiente nos conflitos armados internacionais. E é necessário. Atualmente, a conceção de telhados verdes é atraente, impressionante e amiga do ambiente. As plantas verdes melhoram a qualidade do ar e dão vida a belas flores. Os jardins nos telhados criam espaços adicionais de vida ao ar livre e incentivam um estilo de vida ecológico, agradável e verde. Prestar atenção à arquitetura urbana é uma das abordagens mais importantes da gestão urbana. Agora, nas últimas notícias, ouve-se que o Diretor-Geral de Arquitetura e Edifícios do Município de Teerão ordenou a emissão de diretrizes para a conceção e implementação de telhados verdes em edifícios residenciais na capital. O objetivo da implementação desta diretiva é criar uma espécie de unidade na conceção e implementação de edifícios. Ecofeminismo como uma abordagem ou "atitude analítica" para explorar os efeitos mútuos potenciais e reais que as mulheres podem ter no sentido de destruir, proteger ou revitalizar o ambiente. Deixem-nas, que elas pagam. Neste contexto, é muito importante compreender "o quê" e "como", "relação", "relação" e "interação" das mulheres, especialmente no meio rural com a natureza, a fim de conseguir uma proteção eficaz do ambiente. O termo "desenvolvimento sustentável", no seu sentido lato, inclui a gestão e a exploração adequadas dos recursos básicos, dos recursos hídricos, dos recursos financeiros e dos recursos humanos, a fim de alcançar o padrão de consumo ideal para satisfazer as necessidades das gerações actuais e futuras de forma contínua, abrangente e satisfatória. . Atualmente, a proteção do ambiente tem sido proposta como um dos pilares importantes do desenvolvimento sustentável no mundo, que não pode ser alcançado sem a participação verdadeira e consciente das pessoas. As mulheres, que constituem metade da sociedade, não podem ser separadas desta questão importante e vital. Devido ao papel importante que desempenham na gestão do lar e na educação dos filhos e na transferência da cultura ambiental e dos conhecimentos para as gerações futuras, as mulheres podem ter um poder significativo nas actividades de grupo ambientais e na preservação dos recursos naturais, e desempenhar um papel mais importante na poluição do ambiente. A Internet das coisas é o principal fator de progresso e digitalização de dispositivos e objectos. Por conseguinte, produz uma enorme quantidade de dados que podem sobrecarregar os sistemas de armazenamento e as aplicações de análise de dados. Este processo acaba por aumentar o consumo de energia e, consequentemente, prejudicar o ambiente. Ao escolher a arquitetura correta, os danos para o ambiente podem ser minimizados. As aplicações e programas da Internet das Coisas para diferentes cenários necessitam de indicadores de desempenho precisos, tais como: atraso, custo de execução, taxa de utilização da rede, cada um destes indicadores tem um impacto no consumo de energia. Uma vez que, no mundo digital, a monitorização 24 horas por dia com a utilização de câmaras CCTV continua a crescer, este caso é analisado como exemplo. É indubitável que as actividades industriais são a causa de crises ambientais generalizadas que a ciência, por si só, não será suficiente para resolver. Uma vez que a orientação do comportamento da força humana ativa pode ser um fator determinante no comportamento com o ambiente, o presente estudo foi realizado com o objetivo de investigar o papel do comportamento dos trabalhadores na preservação do ambiente. As resinas epoxídicas, devido à sua boa aderência, resistência, propriedades químicas e térmicas favoráveis, excelentes propriedades mecânicas e resistência eléctrica muito elevada, podem ser utilizadas como adesivos ou revestimentos de superfície. Uma vez que a resina epóxi sólida causa menos poluição ambiental, nesta investigação, utilizando o teste de resistência ao cisalhamento de uma borda, foi investigado o efeito da temperatura de cura na resistência e flexibilidade do adesivo epóxi sólido monocomponente. As questões ambientais são uma das questões mais importantes a nível global e nacional em muitos países do mundo. A obtenção de informações suficientes sobre o estado ambiental dos países e a análise do processo de alterações ambientais têm sido um dos temas de interesse das assembleias mundiais nos últimos anos. Os dois principais factores que afectam o ambiente são o número de pessoas e o impacto de cada pessoa no ambiente. No passado, a população humana na Terra era pequena e a utilização da tecnologia para explorar os recursos da Terra era limitada, pelo que o impacto humano no ambiente não passava de um impacto local e a natureza podia regenerar-se por si própria. Consequentemente, os efeitos a longo prazo da utilização excessiva dos recursos ambientais não eram muito evidentes e não tinham muitas dimensões. O problema fundamental de hoje tornou-se crítico a partir do momento em que a população humana aumentou e o poder da tecnologia humana se tornou tão forte que o impacto humano sobre o ambiente deixou de ser local e as suas consequências se estenderam a um nível alargado. A presente investigação é fundamental em termos de método e de natureza descritivo-analítica. Para a recolha de informações nesta investigação, foram utilizados documentos de biblioteca e estudos teóricos relacionados com o tema da investigação. Por fim, o tema foi explicado através da análise documental. Os resultados mostram que, apesar da expansão de materiais e regras nos programas de desenvolvimento sobre controlo e preservação. A eficácia dos programas de desenvolvimento sobre o controlo e a preservação do ambiente tem sido muito baixa, tendo em conta os principais objectivos da economia, ou seja, o crescimento económico favorável, por outras palavras, o governo não tem sido capaz de fornecer a plataforma e a possibilidade certas para a proteção do ambiente através de programas de desenvolvimento. Além disso, a forma de criar a convicção das pessoas da sociedade para evitar a destruição do ambiente é mais um aspeto dominador do programa e, a este respeito, não tem sido capaz de ter muito sucesso. Os países estão de alguma forma envolvidos nesta questão. Os investigadores acreditam que mudar o comportamento dos condutores através da educação pode ser uma grande ajuda na redução dos acidentes rodoviários, informando e aumentando a consciencialização sobre as consequências negativas da morte de animais nas estradas, instalando sinais de aviso, desenhando linhas, criando velocidades de palha, aumentando a iluminação das estradas e reduzindo a velocidade de condução. Aumentar física ou psicologicamente a velocidade da palha ou aumentar os obstáculos e as curvas da estrada em locais perigosos. A colocação de percursos selvagens ou a aproximação de passagens de animais selvagens no programa popular, que é mais popular entre os condutores, é uma grande ajuda para gerir o tráfego e reduzir os acidentes rodoviários selvagens. A cultura e a formação adequadas dos cidadãos para utilizarem o software acima referido nas estradas para identificar as zonas de tráfego de animais selvagens reduzirão os acidentes rodoviários com animais e os danos físicos e financeiros. O ambiente é um conjunto de factores naturais do planeta, como o clima, o tempo, as rochas, os solos, os recursos biológicos, como as plantas e os animais, que afectam a vida de uma pessoa ou espécie e são por ela afectados. Na era atual, o ambiente, com o seu conceito comum e corrente, é uma discussão nova e recente que não foi diretamente mencionada em nenhuma das fontes e textos islâmicos. As experiências mundiais mostraram que, com o avanço da tecnologia nas sociedades humanas, os seres humanos estão hoje expostos a muitos riscos e é necessário manter estas três categorias, ou seja, saúde, segurança e ambiente (HSE, Health. Safety and Environment) para a continuação da vida humana. O objetivo desta investigação é examinar o papel e a importância da saúde, segurança e ambiente (SSA) nos laboratórios e oficinas do sector do ensino superior do país, que tem sido abordado a partir de diferentes dimensões e perspectivas, e sobre a necessidade de um sistema integrado de gestão da saúde, segurança e ambiente. O ambiente foi objeto de destaque. Um número e uma quantidade significativos de poluentes emergentes foram criados em resultado da produção a partir de fontes fixas e móveis e da sua libertação em ambientes aquáticos. Estas substâncias físicas e químicas não estão normalmente sob controlo, mas têm o potencial de entrar no ambiente e causar efeitos ecológicos, na saúde e na saúde humana. A gestão dos recursos humanos ajuda a desenvolver uma cultura ecológica através da formação dos trabalhadores. No entanto, vários elementos também desempenham papéis importantes. O objetivo desta investigação é investigar o impacto da gestão de recursos humanos ecológicos no comportamento de cidadania organizacional dos trabalhadores, utilizando o efeito mediador do ambiente pré-ecológico e do empowerment ecológico. O efeito da regulação da consciência ambiental nos comportamentos extra-papel dos trabalhadores também foi investigado. Foi utilizado o método de modelação de equações estruturais em duas fases para verificar os dados. A amostragem selectiva foi utilizada para recolher dados para este estudo, que incluiu um questionário validado empiricamente. Os resultados deste estudo mostraram que o conhecimento ambiental não reforça a relação entre a gestão verde dos recursos humanos e o papel adicional dos trabalhadores no comportamento ambiental. Além disso, o clima pré-ecológico e a interação ecológica desempenham um papel importante na definição das actividades rápidas dos trabalhadores. Os resultados deste estudo podem ajudar o processo de tomada de decisões a nível da indústria. Abrirá também um novo campo para o estudo de outros sectores. Os economistas atribuíram uma parte importante da tendência de crescimento económico lento nos mercados financeiros dos países em desenvolvimento ao subdesenvolvimento e à ineficácia das tecnologias da informação e das inovações digitais utilizadas neste domínio, bem como às reformas sistemáticas do sector que recomendam para alcançar um crescimento económico mais amplo. Com a crescente ameaça das alterações climáticas globais, as pessoas estão a começar a prestar mais atenção ao desempenho social e ambiental das empresas, e o ambiente, a sociedade e a governação empresarial (ESG) tornaram-se naturalmente uma prática empresarial importante, a digitalização financeira pode reduzir a assimetria entre a empresa e fora da empresa e reduzir a inflação e aumentar a produção. Como blockchain, aprendizado de máquina e big data, obtenha informações precisas da empresa que ajudem as empresas reduzindo os custos de financiamento do setor bancário e do setor financeiro por meio de canais digitais. Em segundo lugar, o desenvolvimento das finanças digitais pode diversificar os canais de financiamento de uma empresa. Utilizando uma grande amostra de empresas cotadas, descobrimos que as finanças digitais afectam positivamente o desempenho (ESG) de uma empresa, e descobrimos também que Ao reduzir as limitações financeiras da empresa, as finanças digitais reforçam o ESG, cujos resultados têm a capacidade de generalizar os resultados e localizá-los no país islâmico do Irão. Além disso, o impacto positivo das finanças digitais no desempenho (ESG) das empresas em empresas não governamentais, pequenas empresas, empresas com um nível mais baixo de marketing, é mais óbvio que os resultados podem ser generalizados e localizados noutras empresas no país islâmico do Irão para reduzir a inflação. E isso requer crescimento da produção. Hoje em dia, os métodos que são utilizados para determinar o padrão ideal de cultivo de culturas, muitas vezes tomam medidas no sentido de aumentar o bem-estar dos agricultores e maximizar os seus lucros. O ambiente rural como plataforma para as actividades agrícolas é eficaz na subsistência com baixo teor de carbono; Porque a subsistência dos assentamentos rurais depende da natureza e é compatível com os princípios da proteção ambiental organizada. Atualmente, o consumo de energia não renovável é uma das fontes mais importantes de emissões de dióxido de carbono, o que conduziu a alterações climáticas e a danos ambientais. Por conseguinte, a fim de alcançar objectivos ambientais sustentáveis e reduzir as emissões de gases com efeito de estufa, é necessário adotar um estilo de vida com baixo teor de carbono. No processo de movimento global para o desenvolvimento sustentável, é necessário prestar atenção aos danos ambientais causados pelo sector da energia. O sector energético, apesar de desempenhar um papel fundamental no processo de desenvolvimento económico, também provoca a libertação de vários poluentes ambientais, sendo a maioria dos gases poluentes e de estufa libertados no mundo sob a forma de gás carbónico e provocados pelos combustíveis fósseis resultantes da expansão do desenvolvimento industrial e dos transportes. Por outro lado, a expansão do sector dos transportes é uma das necessidades do crescimento económico e, sem o desenvolvimento da infraestrutura do sector dos transportes, não é possível um crescimento económico contínuo. Por isso, o transporte é considerado um fator importante e influente para o desenvolvimento económico e o seu papel é essencial nas actividades de produção e nas trocas comerciais entre países. Inclui a eliminação. Estas medidas são, entre outras actividades, soluções de recolha, transporte e eliminação de resíduos, que são acompanhadas de perto. Um dos resíduos mais proeminentes no domínio da indústria de azulejos e cerâmica são os azulejos partidos, que são mencionados como resíduos de produção e, por outro lado, a tinta, o esmalte e os produtos residuais são os resíduos de projectos de produção que têm de ser eliminados para proteger o ambiente. É muito importante na indústria cerâmica. Devido aos efeitos negativos das actividades de produção agrícola sobre o ambiente, especialmente a poluição da água e do solo, uma das decisões mais importantes no sector agrícola é a afetação óptima dos recursos. Esta decisão deve ser tomada de tal forma que, ao mesmo tempo que maximiza o lucro dos agricultores, também resulta em menos efeitos ambientais. Esta ação é frequentemente realizada através da determinação do padrão ótimo de cultivo. Atualmente, os direitos ambientais são mencionados como um dos instrumentos importantes para a gestão dos ambientes naturais e a proteção do ambiente. A aplicação de aspectos e considerações legais na geografia natural exige o estabelecimento de leis e diretrizes abrangentes. O direito a um ambiente saudável, enquanto direito básico e fundamental, conquistou o seu lugar no conjunto dos direitos humanos, embora ainda não tenha sido plenamente reconhecido. A atenção especial a este direito levou ao reconhecimento das capacidades dos direitos civis, económicos, culturais e sociais. O crescimento da população na maior parte das bacias hidrográficas levou a um aumento do número e da diversidade das bacias hidrográficas, pelo que a atribuição óptima da água se torna mais importante do que nunca. A inovação respeitadora do ambiente significa o desenvolvimento de produtos e processos que contribuem para o desenvolvimento sustentável e utiliza a experiência científica direta e indiretamente para melhorar o ambiente. A inovação ecológica desempenha um papel importante no consumo de recursos e na poluição ambiental e é um dos factores mais importantes para determinar o êxito ou o fracasso dos programas de consumo de energia e de proteção ambiental. Por conseguinte, a inovação respeitadora do ambiente é a pedra angular do desenvolvimento sustentável. O sector dos transportes é uma das principais fontes de poluição ambiental. A análise da eficiência desta indústria ajuda as pessoas e as comunidades a tornarem-se mais conscientes do seu desempenho e a criarem melhores estratégias de gestão. A necessidade de desenvolvimento sustentável no sector dos transportes exige a análise da eficiência ao longo do tempo. Uma abordagem comum para avaliar o desempenho em períodos sucessivos é o índice de produtividade de Malmquist. Neste artigo, utilizando a abordagem de análise de fronteira dupla, é apresentada uma nova análise para a medição da eficiência. Na abordagem proposta, a obtenção de um conjunto de pesos comuns para o índice de produtividade de Malmquist é efectuada através da consideração de entradas incontroláveis e saídas indesejáveis na análise da eficiência. Um grande número de planos e projectos semiacabados levou ao bloqueio de uma grande parte dos activos do governo nesses planos e projectos. Se não forem utilizados, estes planos e projectos não serão úteis para o governo. Um dos métodos mais importantes de financiamento é atrair capital estrangeiro, que é utilizado para implementar projectos de construção. Porque o maior desafio nos países em desenvolvimento é como financiar e preparar o orçamento necessário para a implementação de projectos de infra-estruturas e para a exploração dos produtos e serviços daí resultantes. De facto, pode dizer-se que existe uma crise financeira de financiamento nestes países, o que os levou a procurar formas alternativas de financiamento. Assim, a utilização de fundos estrangeiros pode ser feita de duas formas: empréstimo e investimento. A utilização de métodos de diagnóstico médico na indústria veterinária está a expandir-se rapidamente. Entretanto, várias técnicas de radiologia têm merecido mais atenção do que outras ciências devido à sua grande importância nas actividades clínicas e no diagnóstico de doenças. Nas últimas décadas, a utilização de imagens de tomografia tem sido mais utilizada pelos veterinários do que antes, devido ao facto de fornecer detalhes pormenorizados das estruturas estudadas. A questão dos poluentes é uma das questões mais importantes que todos os governos têm de enfrentar, e devido à concentração da população em ambientes urbanos e ao aumento das actividades em ambientes militares, é óbvio que se tornará um desafio agudo para os países. Considerando que a questão do controlo dos poluentes ambientais desempenha um papel fundamental na preservação do ambiente e da saúde humana, a atenção a esta questão reveste-se de uma importância redobrada. A crise ambiental, como um dos principais factores das políticas globais e um dos mais importantes desafios da sociedade humana, está a aumentar de dia para dia. Devido às suas caraterísticas climáticas e localização geográfica, o território do Irão é muito eficaz em termos das consequências e efeitos das crises ambientais e, geograficamente, muitos problemas ambientais estão localizados perto das fronteiras do Irão com os países vizinhos. . O Irão é um dos países mais importantes e influentes do ponto de vista ambiental e tem muitos desafios em matéria de ambiente com os países vizinhos. Os problemas ambientais do Irão estão diretamente relacionados com os países vizinhos. A extensão, a posição e a posição geográfica, geopolítica, geoeconómica, geoestratégica e geocultural especiais fizeram do Irão uma das áreas mais importantes e vitais no domínio do ambiente, com impacto no ambiente da região e mesmo do mundo. Os indicadores de sustentabilidade ambiental e económica são conhecidos como ferramentas para avaliar o sistema integrado de gestão de resíduos urbanos com base na abordagem do ciclo de vida. A proteção ambiental é um dos principais pilares da gestão urbana e a sua importância nas cidades está a aumentar de dia para dia em termos da complexidade da relação entre os seres humanos e o ambiente. Existem três categorias estruturais na conceção dos passeios modernos. Asfaltos flexíveis constituídos por betão de cimento-asfalto, asfaltos rígidos constituídos por betão de cimento Portland e betões entrelaçados. Na maioria das aplicações de pavimento, a mistura compactada é utilizada para estradas e parques de estacionamento. O asfalto poroso é uma inovação emergente que está a ser desenvolvida e aplicada a estradas e parques de estacionamento com pouco tráfego como alternativa ou melhor método de gestão das águas residuais superficiais. Os passeios tradicionalmente concebidos permitem que a água flua ao longo da superfície e seja drenada para bacias de recolha ou valas ao longo das estradas ou parques de estacionamento. O asfalto poroso é diferente na medida em que permite que os líquidos penetrem através da estrutura. O objetivo deste sistema é reduzir ou controlar a quantidade de escoamento em torno da área impermeável, bem como proporcionar outros benefícios, como a redução do ruído, a melhoria das medidas de segurança para os condutores e peões devido à redução do escoamento durante a chuva e o potencial para reduzir o gelo devido a uma drenagem inadequada. As desvantagens desta tecnologia incluem: falta de conhecimentos técnicos para a sua implementação (especialmente em climas frios), risco de entupimento, contaminação das águas subterrâneas, fuga de produtos químicos tóxicos para o sistema e o desenvolvimento de condições anaeróbias em solos onde a secagem não é possível. São colocados nos alicerces do passeio entre as tempestades. Até à data, não foi efectuada uma investigação aprofundada sobre o desempenho do asfalto poroso. Os métodos agrícolas modernos enfrentam vários desafios que são considerados grandes ameaças à segurança alimentar global. Para satisfazer as necessidades nutricionais de uma população mundial cada vez maior, são utilizados fertilizantes químicos e pesticidas em grande escala para aumentar a produção agrícola. No entanto, a utilização excessiva de produtos químicos agrícolas resultou na poluição do ambiente, provocando riscos para a saúde pública. Além disso, os solos agrícolas estão constantemente a perder a sua qualidade e propriedades físicas, bem como a sua saúde química (desequilíbrio de nutrientes) e biológica. Os fertilizantes desempenham um papel importante na manutenção da fertilidade do solo, no aumento do rendimento e na melhoria da qualidade das colheitas. No entanto, uma parte significativa dos fertilizantes químicos perde-se, aumenta os custos agrícolas, desperdiça energia e polui o ambiente, o que constitui um desafio para a sustentabilidade da agricultura moderna. Para satisfazer as necessidades das culturas sem comprometer o ambiente, foram desenvolvidos fertilizantes amigos do ambiente. Um dos tipos de participação a que os cidadãos prestam muita atenção é a participação social orientada para a integração, que se realiza através da participação sob a forma de sindicatos e associações e se baseia na integração social e cultural e na socialização da cultura de procura de participação. Por outro lado, os peritos identificaram o desenvolvimento da cidadania como o nível e o tipo de participação mais elevados. Neste tipo de participação, as pessoas interferem nas decisões que afectam a sua vida quotidiana. Muitas ameaças ambientais, a destruição dos recursos hídricos, etc., são o resultado de um comportamento não científico em relação ao ambiente. Mudar o comportamento e a atitude em relação às consequências para o ambiente é uma das principais preocupações do aumento da procura de reservas de água para consumo. A gestão do ecoturismo no Irão é um elemento vital para o crescimento e o desenvolvimento da sociedade. O Irão pode conquistar uma posição privilegiada entre os países do mundo com a sua diversidade climática, espécies vegetais e vida selvagem única. A província de Golestan também tem a capacidade de atrair turistas nacionais e estrangeiros com as suas áreas naturais e belas paisagens. No ambiente de vida e de trabalho, existem muitos factores nocivos que põem em perigo a saúde das pessoas expostas se não forem respeitadas as normas de ambiente, proteção e higiene industrial. Um dos factores nocivos na sociedade atual é o som. Nas últimas três décadas, este tipo de poluição atraiu a atenção do mundo mais do que no passado. Entretanto, o problema da poluição sonora nas grandes cidades do mundo é considerado como um problema global, pelo que é um dos problemas ambientais mais importantes da atualidade. A poluição sonora é um tipo de poluição ambiental que ameaça a saúde da sociedade e dos organismos vivos. Embora o petróleo seja uma fonte muito valiosa para a produção de energia e de muitos produtos químicos, negligenciar as fases da sua extração e transporte pode levar a muitas poluições ambientais que são, por vezes, irreparáveis. A poluição marinha atrai a atenção da comunidade mundial mais do que qualquer outra poluição, porque o homem, enquanto elemento, está direta ou indiretamente envolvido na questão da poluição marinha, pelo que esta poluição afecta não só os recursos vivos marinhos, mas também a saúde humana. As actividades marinhas e a água do mar também causam prejuízos. A responsabilidade resultante desta poluição é um problema que tem dimensões complexas e que fez com que os governos lutassem durante anos para investigar e resolver questões relacionadas. A poluição causada pelos petroleiros sempre foi uma das principais complicações do transporte marítimo, que tem sido capaz de causar sérios danos ao ambiente marinho. A saúde é uma parte importante do processo de desenvolvimento da cidade, que é influenciada por muitos factores, como a habitação, a educação e a religião. A saúde é uma parte importante do processo de desenvolvimento da cidade, que é influenciada por muitos factores, como a habitação, a educação e a religião, o emprego, a nutrição, o lazer e a recreação, a saúde e os cuidados médicos, bons transportes, um ambiente limpo e verde, uma sociedade amigável e ruas e locais públicos seguros. O programa de cidade saudável requer a participação ativa e a cooperação entre a administração local, as organizações não governamentais e os grupos sociais, a fim de dar prioridade às questões relacionadas com a saúde, e o conceito de cidade saudável constitui uma boa oportunidade para abordar todos os factores que afectam a saúde de uma forma abrangente e integrada. O desenvolvimento a qualquer escala tem muitos efeitos no seu contexto. Os enormes desenvolvimentos urbanos em diferentes cidades, dependendo do nível de desenvolvimento, da população, da localização, etc., ao longo do tempo, têm efeitos destrutivos pesados no ambiente. Entretanto, as abordagens, os métodos e os instrumentos de controlo desenvolvidos pelos peritos ambientais vieram em auxílio das sociedades para travar estes efeitos, e a avaliação do impacto ambiental é um deles. O homem é uma parte da natureza e a sua relação com ela. O homem é parte da natureza e a relação com a natureza faz com que a sua vida continue. Apesar desta crença, hoje em dia a vida urbana das pessoas moldou a psique humana num sistema de máquinas repetitivas cada vez mais longe da natureza. A rapidez com que se estimam os resultados da urbanização e das alterações climáticas levou as cidades a reflectirem mais sobre o seu futuro. Nas últimas décadas, o papel do investimento sustentável tem sido fortemente enfatizado como uma estratégia macro para preservar o meio ambiente e o compromisso com a responsabilidade social das empresas. Além disso, os resultados mostraram que as empresas que estão empenhadas na responsabilidade social e na proteção do ambiente, para além de aumentarem a sua reputação e credibilidade, são confrontadas com exemplos de melhor desempenho financeiro. Estas empresas têm conseguido atrair mais capital e criar mais resistência contra riscos financeiros. Em geral, as sugestões para o futuro sublinham que o desenvolvimento do investimento sustentável e o incentivo às empresas para medirem e aumentarem o seu empenho na responsabilidade social e na proteção do ambiente são de grande importância. Estes resultados mostram que o investimento sustentável não só contribui para a rendibilidade das empresas, como também desempenha um papel essencial na atração de capital e no aumento da sua estabilidade financeira. Na cultura e civilização islâmicas, a atenção ao ambiente é sempre considerada como um princípio estratégico. O ambiente é considerado sagrado no Islão e os líderes religiosos têm sublinhado a importância de um ambiente saudável. A proteção da natureza e a manutenção da sua saúde são realçadas pelas religiões e pela razão humana, e a existência de um ambiente saudável e seguro é um dos direitos humanos fundamentais, cuja importância criou direitos designados "direitos ambientais". A previsão de leis e regulamentos relacionados com a prevenção da destruição do ambiente e a punição daqueles que o poluem é da responsabilidade do direito penal, e a garantia da implementação de indemnizações pelos danos causados ao ambiente é da responsabilidade do domínio da responsabilidade civil. Tendo em conta o desenvolvimento das tecnologias urbanas e a extensão dos serviços, é necessário determinar estratégias eficazes de SSA e estabelecer prioridades, examinando a missão da organização e determinando os pontos fortes, os pontos fracos, as oportunidades e as ameaças à saúde, à segurança e ao ambiente. De acordo com o objetivo, esta investigação é prática e, de acordo com o método de recolha de dados, trata-se de um estudo descritivo. Tendo em conta o desenvolvimento das tecnologias urbanas e a extensão dos serviços, é necessário determinar estratégias eficazes de SSA e estabelecer prioridades, examinando a missão da organização e determinando os pontos fortes, os pontos fracos, as oportunidades e as ameaças à saúde, à segurança e ao ambiente. De acordo com o objetivo, esta investigação é prática e, de acordo com o método de recolha de dados, trata-se de um estudo descritivo. Os reservatórios de petróleo estão localizados a vários milhares de metros abaixo da superfície da terra e são altamente heterogéneos em termos de parâmetros geológicos sob condições de alta temperatura e pressão. A gestão de reservatórios de petróleo inclui a integração de tecnologia, mão de obra e processos de uma forma que leve à máxima produção e reciclagem de O reservatório pode ser minimizado, para além dos custos operacionais e de capital. Uma das novas tecnologias no domínio da gestão de reservatórios, que é referida como a próxima geração de reservatórios de petróleo, é a tecnologia de poços inteligentes. Esta tecnologia atraiu recentemente a atenção da maioria das grandes empresas petrolíferas. Esta tecnologia melhora a gestão dos reservatórios, reduzindo os custos operacionais e de investimento, acelerando o processo de produção, a possibilidade de produção mista, o tempo e a possibilidade de aumentar a reciclagem final dos reservatórios. O número de parâmetros que descrevem o reservatório de petróleo e as complexas relações não lineares entre eles levam à criação de um ambiente heterogéneo, altamente incerto devido às grandes dimensões do reservatório e à sua indisponibilidade. Estas condições constituem o risco de enormes investimentos para o desenvolvimento de reservatórios. O petróleo aumenta com a utilização da tecnologia de poços inteligentes. Portanto, é necessário priorizar os ativos (reservatórios de hidrocarbonetos) para utilização, considerando o valor agregado resultante da aplicação dessa tecnologia nos reservatórios de petróleo e a limitação de recursos financeiros e equipamentos inteligentes. De acordo com esta necessidade, neste artigo, através da utilização de um novo método e da conceção de uma caixa de ferramentas de decisão multi-critério, os reservatórios de petróleo são rastreados para a utilização desta tecnologia. O artigo baseia-se nas suas próprias experiências e estudos e na utilização de métodos de análise hierárquica. A poluição atmosférica a três níveis, doméstico, nacional e internacional, tem efeitos nefastos no ambiente humano e natural. O ambiente que rodeia o homem e que lhe permitiu viver foi ameaçado de forma alarmante pelo próprio homem. Atualmente, vivemos numa época em que o problema da poluição ambiental se deve ao rápido crescimento da população, da indústria e às limitações dos recursos naturais. Mais do que nunca, este problema atraiu a atenção dos especialistas e recebeu também a atenção do público em geral sob a forma de uma questão concreta. O problema da poluição ambiental no mundo de hoje não é o problema de apenas um país ou de um território específico, mas o problema de todo o mundo, que inclui várias questões, nomeadamente a poluição atmosférica, o aquecimento global, a subida do nível do mar, a destruição de espécies vegetais e animais, a erosão da camada de ozono, a destruição de florestas, as chuvas ácidas, a poluição sonora, os ensaios nucleares, etc. . . Citado. Tudo isto é o resultado da ação humana. Embora o impacto do homem sobre o ambiente circundante seja tão antigo quanto a sua vida, a sua destruição e destruição, após a revolução industrial e o rápido aumento da população, intensificaram-se perigosamente, e o avanço da ciência e da tecnologia permitiu ao homem subjugar a natureza. auto-fabricado e causar a destruição gradual mas contínua do meio ambiente. Os estadistas e políticos dos últimos um ou dois séculos dos países do mundo estão tão ocupados com o progresso técnico e exploram os dons naturais e dados por Deus do seu ambiente de vida, incluindo a superfície e a profundidade da terra, do mar e da terra, que estão alheios ao efeito destrutivo das suas acções e, apesar dos avisos e advertências dos investigadores e cientistas, estão rapidamente a destruir e a destruir o seu ambiente de vida e o dos outros. Um exemplo claro de tais governantes são os chefes e líderes dos países da China, América e Índia, que têm resistido a todas as exigências e pressões aplicadas pelas instituições nacionais e internacionais e não estão dispostos a mudar a forma como utilizam os recursos energéticos para produzir Prevenir gases nocivos e produtos químicos que causam alterações negativas na superfície terrestre e na atmosfera. Os principais produtos ambientais nocivos são os gases com efeito de estufa, que são a principal causa do aquecimento global e das alterações climáticas. Estes gases incluem principalmente o vapor de água, o dióxido de carbono, o metano, o monóxido de dinitrogénio e o ozono, que afectam a produção agrícola - a superfície das florestas e das pastagens e, em geral, a vegetação do planeta, a subida do nível do mar, o degelo da neve das altas montanhas e do gelo polar, as chuvas ácidas, etc. Por conseguinte, espera-se que todos aqueles que são efectivos nas políticas dos países do mundo olhem para esta questão com uma atitude humana e responsável para com todos os seres humanos e não sacrifiquem a saúde e a sobrevivência do seu ambiente e de outras criaturas da terra e mesmo do espaço e das esferas celestes. E não se deixe levar por benefícios a curto prazo. A purificação do gás natural dos compostos de sulfureto de hidrogénio e de dióxido de carbono é feita para reduzir os riscos de envenenamento, os problemas ambientais e aumentar o valor térmico e de exportação do gás, o que se designa por adoçamento do gás. Neste estudo, procurou-se identificar e estudar os parâmetros eficazes na remoção de gases ácidos, simulando a unidade de adoçamento de uma refinaria de gás. Hoje em dia, "ser amigo do ambiente" tornou-se uma tendência comum no mundo e, sem dúvida, é uma tendência maravilhosa a seguir. é considerado O transporte é um dos aspectos da vida quotidiana, que envolve direta e indiretamente as pessoas. Devido à utilização de combustíveis fósseis em vários meios de transporte, muitas poluições ambientais têm assolado as sociedades actuais. A partir dos anos 60 e 70, os cientistas alertaram para as consequências deste problema e os governos foram obrigados a cumprir normas mínimas para reduzir os danos ambientais. Os transportes amigos do ambiente (transportes ecológicos) são uma nova abordagem no domínio dos transportes que tem em conta a redução dos danos ambientais e a preservação dos recursos naturais. Esta abordagem procura introduzir alterações nos sistemas de transporte para preservar o ambiente e reduzir os impactos negativos sobre o mesmo. Quando se trata de encontrar o meio de transporte mais adequado, pode ser difícil escolher uma solução definitiva, uma vez que existem frequentemente muitos factores a considerar. No entanto, alguns métodos são mais práticos e viáveis. A poluição e a destruição do ambiente e os danos daí resultantes são um dos problemas básicos das sociedades industriais e urbanas actuais e uma das principais questões abordadas no direito do ambiente. Por conseguinte, devido à necessidade de ação penal e de indemnização de qualquer tipo de prejuízos na maioria dos sistemas jurídicos, o estudo, a avaliação e a discussão dos crimes causados por danos ambientais ocupam um lugar especial na ciência do direito. Um dos problemas mais importantes da humanidade atual. A enorme quantidade de resíduos é causada pela indústria têxtil e pelo design de vestuário. Entre as acções dos fabricantes e designers para reduzir a poluição, podemos mencionar a seleção de matérias-primas naturais ou recicláveis. Os resíduos de tecidos podem ter efeitos negativos na indústria de tecidos, porque aumentam os custos de produção e reduzem a rentabilidade das empresas. Em geral, a gestão dos resíduos de tecidos é uma das questões importantes no domínio do ambiente e do desenvolvimento sustentável, que exige a utilização de novos métodos e uma reciclagem adequada para garantir a proteção do ambiente e criar uma indústria sustentável. A poluição por hidrocarbonetos nos oceanos é o resultado do tráfego de navios e da produção de petróleo longe da costa. A atividade no fundo do mar para a exploração e produção de petróleo teve uma contribuição relativamente pequena para a poluição do ambiente marinho por hidrocarbonetos. De facto, a principal causa da poluição dos mares por hidrocarbonetos foram os navios. A capacidade de absorver e aplicar as caraterísticas de ordem e sistema ocultas na natureza e de as transferir para a aprendizagem humana é o início da emergência de uma tendência cujas raízes podem ser vistas no passado. Hoje, o resultado destas aprendizagens expressa-se no domínio da ciência biónica. Nos últimos anos, a inspiração e a metáfora da natureza entraram nos domínios da arquitetura e criaram uma nova abordagem no design para aliviar a preocupação de conseguir uma arquitetura perfeita. O que hoje se designa por "arquitetura biónica" é o resultado dos esforços de arquitectos que, com uma nova abordagem da arquitetura e da estrutura, tentam eliminar os defeitos e o ser humano na construção. é a expansão, e um dos seus objectivos é frequentemente designado por melhoria da sustentabilidade urbana. No entanto, os processos de desenvolvimento de cidades inteligentes são frequentemente abordagens orientadas para a tecnologia que podem perturbar ou limitar as interações entre a estrutura social e as componentes ecológicas dos sistemas urbanos. Para evitar os possíveis conflitos e interações entre os três principais componentes que existem e regem o ambiente urbano, que são as estruturas sociais, ecológicas e tecnológicas, parece que o papel destas infra-estruturas deve ser considerado simultaneamente e integrado, e esta abordagem leva à formação de literatura e Um quadro adequado para expandir e melhorar a eficácia dos programas de cidades inteligentes. Sistemas mais abrangentes podem garantir que as soluções de "cidades inteligentes" sejam mais eficazes e a sustentabilidade das cidades seja amplamente baseada em questões de justiça social, governança, suporte tecnológico e soluções compatíveis com a natureza e a resiliência. ambiente a ser realizado. Neste contexto, as infra-estruturas das cidades inteligentes desempenham um papel importante e proporcionam novas formas de medir, testar e implementar sistemas urbanos baseados em dinâmicas espaciais e temporais. Neste estudo, foram apresentados vários exemplos de interações de subsistemas para mostrar como pode ser formada uma abordagem integrada dos sistemas tecnológico-social e ecológico e, com base nisso, a infraestrutura e o desenvolvimento de cidades inteligentes podem ser utilizados para proporcionar objectivos sociais normativos. Um dos factores de destruição destes recursos naturais e florestais é a ignorância dos residentes e das pessoas sobre os benefícios e a importância das florestas. Infelizmente, hoje em dia as florestas têm sido afectadas pelas actividades humanas e a composição das espécies nestas florestas está relacionada com a interferência humana. Este artigo é descritivo-analítico e prático em termos de objetivo. A globalização e o desenvolvimento de novas tecnologias de concorrência. A globalização e o desenvolvimento de novas tecnologias de concorrência, entre organizações e através da utilização de novas tecnologias, permite assistir a mudanças significativas em vários aspectos das organizações e desafiar a sua gestão de recursos humanos; Da mesma forma, os recursos humanos são considerados um dos principais e importantes activos de qualquer organização, e o avanço dos objectivos de qualquer organização requer planeamento, implementação, controlo e macro estratégias, que não podem ser realizadas sem uma gestão sustentável dos recursos humanos. É aquela que satisfaz as necessidades do presente sem pôr em causa a capacidade das gerações futuras de satisfazerem as suas necessidades. A concretização do desenvolvimento sustentável depende da atenção dada aos pilares económico, social, cultural e ambiental de uma sociedade. Entre estes elementos, as questões ambientais são uma das mais importantes questões levantadas a nível global e a nível nacional em muitos países do mundo, tendo-se tornado um dos principais eixos na análise dos problemas das cidades do mundo atual. O acompanhamento desta abordagem na prática requer atenção aos elementos e factores influentes que são apresentados e explicados num conjunto de indicadores de sustentabilidade num quadro coerente e interligado. Este tópico desempenha um papel muito importante no conhecimento e compreensão da situação atual, a fim de determinar as mudanças necessárias na forma de gestão e apresentação dos planos de gestão. Atualmente, um dos sinais do desenvolvimento dos países é a expansão das infra-estruturas de comunicação e de transporte. O aumento da população conduzirá a um aumento da procura de transportes. Um dos desafios mais importantes que as metrópoles enfrentam são os transportes. No entanto, o desenvolvimento dos transportes também conduz a questões ambientais. O sistema de transportes públicos tem um impacto significativo nas condições sociais e económicas das famílias. O acesso a transportes públicos fiáveis e eficientes pode melhorar a qualidade de vida das famílias e proporcionar oportunidades de educação, emprego e actividades sociais. Por outro lado, a falta de acesso aos transportes públicos pode limitar a mobilidade das pessoas e a sua capacidade de aceder às necessidades básicas e conduzir à desigualdade social e económica, em termos de efeitos sociais, os transportes públicos podem aumentar a interação social, proporcionando acesso a eventos culturais, entretenimento e serviços sociais, o que pode ter um efeito positivo na saúde mental e no bem-estar; além disso, o acesso ao sistema de transportes públicos pode reduzir o isolamento social, especialmente entre os idosos e as pessoas com deficiência, pode ajudar no acesso a cuidados médicos e serviços de apoio; em termos de efeitos económicos, pode aumentar as oportunidades económicas dos indivíduos e das famílias. O solo não é uma massa inanimada, mas, para além das substâncias orgânicas e minerais, do ar e da água, existem também organismos vivos, como bactérias, fungos, minhocas, etc. Estes organismos estão presentes tanto nas propriedades químicas do solo e na nutrição das plantas (decomposição da matéria orgânica, transformando-a em alimento para a planta e húmus, e dissolvendo ou absorvendo os minerais com a ajuda do dióxido de carbono resultante da decomposição da matéria orgânica e da respiração dos organismos vivos, etc.) como nas propriedades físicas do solo. (Mistura de materiais orgânicos com minerais, criação de passagens e canais para a penetração de água, raízes, ar, etc.) é muito eficaz. Por conseguinte, os organismos do solo desempenham um papel importante na alimentação das plantas e na melhoria das propriedades do solo e, sem eles, o solo não tem qualquer valor agrícola e não produz culturas. O rápido aumento da população e o aumento do nível de vida e do poder de compra das pessoas, especialmente nos últimos vinte anos, levaram a humanidade a aumentar a área de terra cultivada para fornecer alimentos e vestuário e, por outro lado, utilizando novas técnicas e máquinas. As ferramentas agrícolas e a utilização de fertilizantes químicos e de vários venenos para eliminar as pragas e as doenças das plantas aumentam o rendimento por unidade de superfície. As medidas que foram tomadas para aumentar a produção - tanto na agricultura como na indústria (como o estabelecimento de fábricas e o funcionamento de numerosos dispositivos motorizados e a utilização de fertilizantes químicos e pesticidas inadequados e a utilização excessiva de esgotos e lixo urbano) são muitas vezes indiretamente (através da poluição do ar e da água) e têm causado diretamente a poluição do solo, resultando na perda de organismos vivos e na redução da poluição do solo. As substâncias que entram diretamente no solo são consideradas como substâncias poluentes do solo, e a erosão do solo que ocorre pelo vento, etc., não é considerada como um fator poluente. Um dos grandes problemas que os seres humanos enfrentam atualmente é a poluição. é o ar Um problema que se tornou mais grave de dia para dia com o crescimento da indústria e das invenções humanas avançadas e complexas. Um problema que perturba a qualidade de vida dos seres vivos e do ambiente e que lhes causa muitos danos, afectando gravemente o planeta. As alterações climáticas são outra consequência do aquecimento global. À medida que a Terra aquece, há uma perturbação nos ciclos meteorológicos normais, fazendo com que estes ciclos se alterem muito mais rapidamente. Devido às alterações climáticas, o gelo polar está a derreter, o que provoca inundações e a subida do nível do mar. A poluição atmosférica não destrói apenas o ambiente. Os seres humanos e o ambiente são completamente dependentes uns dos outros e o mais pequeno dano ao nosso habitat significa que a vida humana está em perigo. Atualmente, devido à alteração das condições de vida e à industrialização das cidades, a quantidade de poluição atmosférica é maior do que nunca. Para além dos efeitos da poluição atmosférica no ambiente, os seus efeitos negativos nos seres humanos também são desconhecidos. As consequências negativas desta poluição atmosférica para os seres humanos são inúmeras. Alguns poluentes põem a vida em perigo. O risco de contrair vários tipos de infecções respiratórias e doenças cardiovasculares e de contrair vários tipos de cancro, incluindo o cancro do pulmão, são apenas algumas das consequências e efeitos negativos da poluição atmosférica na saúde humana. Não importa se estamos expostos a estes poluentes a curto ou a longo prazo, porque em qualquer caso eles podem ter os seus efeitos negativos.

Referências

C. Song, B.L. White, B.W. Heumann, Deteção remota hiperespectral de stress de salinidade em mangais vermelhos (Rhizophora mangle) e brancos (Laguncularia racemosa) nas Ilhas Galápagos, Remote Sensing Letters 2 (3) (2011 Sep 1) 221-230, https://doi.org/10.1080/01431161.2010.514305.

S.E. Hamilton, D. Casey, Criação de uma base de dados global de alta resolução espácio-temporal de cobertura florestal contínua de mangue para o século XXI (CGMFC-21), Global Ecol. Biogeogr. 25 (6) (2016 Jun) 729-738, https://doi.org/10.1111/ geb.12449.

A. Rubaiyat, N. Rollings, S. Galvin, R. Mitloehner, S. Miah, H.J. Boehmer, Tree diversity, vegetation structure and management of mangrove systems on Viti Levu, Fiji Islands, South. For. a J. For. Sci. (2023 Sep 12) 1, https://doi.org/ 10.2989/20702620.2023.2218560, 0.

L. Carugati, B. Gatto, E. Rastelli, M. Lo Martire, C. Coral, S. Greco, R. Danovaro, Impacto da degradação das florestas de mangue na biodiversidade e no funcionamento do ecossistema, Sci. Rep. 8 (1) (2018 Sep 5) 13298.

A. Rizal, A. Sahidin, H. Herawati, Estimativa do valor económico dos ecossistemas de mangue na Indonésia, Biodiversity International Journal 2 (1) (2018) 98-100.

R. DasGupta, R. Shaw, Cumulative impacts of human interventions and climate change on mangrove ecosystems of South and Southeast Asia: an overview, Journal of Ecosystems 2013 (2013) 1-5.

C.G. McNally, E. Uchida, A.J. Gold, The effect of a protected area on the tradeoffs between short-run and long-run benefits from mangrove ecosystems, Proc. Natl. Acad.

Sci. USA 108 (34) (2011 Aug 23) 13945-13950, https://doi.org/10.1073/pnas.1101825108.

E.B. Barbier, S.D. Hacker, C. Kennedy, E.W. Koch, A.C. Stier, B.R. Silliman, The value of estuarine and coastal ecosystem services, Ecol. Monogr. 81 (2) (2011 maio) 169-193, https://doi.org/10.1021/es2013227.

A.M. Ellison, Foundation species, non-trophic interactions, and the value of being common, iScience 13 (2019 Mar 29) 254-268, https://doi.org/10.1016/j.isci.2019.02.020.

União Internacional para a Conservação da Natureza (UICN) 2018.

F Danielsen, MK Sørensen, MF Olwig, V Selvam, F Parish, ND Burgess, T Hiraishi, VM Karunagaran, MS Rasmussen, LB Hansen, A. Quarto, The Asian tsunami: a protective role for coastal vegetation, Science 310 (5748) (2005) 643.

R. Costanza, W.J. Mitsch, J.W. Day Jr., A new vision for New Orleans and the Mississippi delta: applying ecological economics and ecological engineering, Front. Ecol. Environ. 4 (9) (2006 Nov) 465-472, https://doi.org/10.1890/1540-9295(2006)4[465:ANVFNO]2.0.CO;2.

J.W. Day Jr., D.F. Boesch, E.J. Clairain, G.P. Kemp, S.B. Laska, W.J. Mitsch, K. Orth, H. Mashriqui, D.J. Reed, L. Shabman, C.A. Simenstad, Restoration of the Mississippi delta: lessons from hurricanes Katrina and Rita, Science 315 (5819) (2007 Mar 23) 1679-1684, https://doi.org/10.1126/science.1137030.

K. Jusoff, D. Taha, Managing sustainable mangrove forests in Peninsular Malaysia, J. Sustain. Dev. 1 (1) (2008 Mar) 88-96, https://doi.org/10.5539/jsd. v1n1p88.

P.J. Webster, G.J. Holland, J.A. Curry, H.R. Chang, Changes in tropical cyclone number, duration, and intensity in a warming environment, Science 309 (5742) (2005 Sep 16) 1844-1846, https://doi.org/10.1126/science.1116448.

T.R. Knutson, J.L. McBride, J. Chan, K. Emanuel, G. Holland, C. Landsea, I. Held, J.P. Kossin, A.K. Srivastava, M. Sugi, Tropical cyclones and climate change, Nat. Geosci. 3 (3) (2010 Mar) 157-163, https://doi.org/10.1016/j.tcrr.2020.01.004.

K. Firdaus, A.M. Matin, N. Nurisman, I. Magdalena, Numerical study for Sunda Strait Tsunami wave propagation and its mitigation by mangroves in Lampung, Indonesia, Results in Engineering 16 (2022 Dec 1) 100605, https://doi.org/ 10.1016/j.rineng.2022.100605.

Y. Mazda, M. Magi, Y. Ikeda, T. Kurokawa, T. Asano, Wave reduction in a mangrove forest dominated by Sonneratia sp, Wetl. Ecol. Manag. 14 (2006 Aug) 365-378, https://doi.org/10.1007/s11273-005-5388-0.

K. Furukawa, E. Wolanski, H. Mueller, Currents and sediment transport in mangrove forests, Estuar. Coast Shelf Sci. 44 (3) (1997 Mar 1) 301-310, https:// doi.org/10.1006/ecss.1996.0120.

D.M. Alongi, Mangrove forests: resilience, protection from tsunamis, and responses to global climate change, Estuar. Coast Shelf Sci. 76 (1) (2008 Jan 1) 1-3, https://doi.org/10.1016/j.ecss.2007.08.024.

K. Kathiresan, Como é que as florestas de mangue induzem a sedimentação? Rev. Biol. Trop. 51 (2) (2003 Jun) 355-360.

S. Temmerman, E.M. Horstman, K.W. Krauss, J.C. Mullarney, I. Pelckmans, K. Schoutens, Marshes and mangroves as nature-based coastal storm buffers, Ann. Rev.

Mar. Sci 15 (2023 Jan 16) 95-118, https://doi.org/10.1146/annurevmarine-040422-092951.

H. Takagi, "Adapted mangrove on hybrid platform"-coupling of ecological and engineering principles against coastal hazards, Results in Engineering 4 (2019 Dec 1) 100067, https://doi.org/10.1016/j.rineng.2019.100067.

R. Gijsman, E.M. Horstman, D. van der Wal, D.A. Friess, A. Swales, K. M. Wijnberg, Nature-based engineering: a review on reducing coastal flood risk with mangroves, Front. Mar. Sci. 8 (2021 Jul 8) 702412, https://doi.org/ 10.3389/fmars.2021.702412.

M. Naohiro, S. Putth, M. Keiyo, Mangrove rehabilitation on highly eroded coastal shorelines at Samut Sakhon, Thailand, Int. J. Ecol. (2012 Jan 1) 2012, https:// doi.org/10.1155/2012/171876.

Wa De Silva, M.D. Amarasinghe, Potential Use of mangroves for coastal protection: a case study from Sri Lanka, Journal of the Indian Society of Coastal Agricultural Research 39 (1) (2021 Jan 1).

S.C. Pennings, R.M. Glazner, Z.J. Hughes, J.S. Kominoski, A.R. Armitage, Effects of Mangrove Cover on Coastal Erosion during a Hurricane in Texas, USA, 2021 e03309, https://doi.org/10.1002/ecy.3309.

N.S. Zamboni, M. da Cunha Prud^encio, V.E. Amaro, M.D. de Matos, G.M. Verutes, A.R. Carvalho, O papel protetor dos mangais na salvaguarda das populações costeiras através da redução do risco de perigos: um estudo de caso no nordeste do Brasil, Ocean Coast Manag. 229 (2022 Oct 1) 106353, https://doi.org/10.1016/j. ocecoaman.2022.106353.

L.J. Nunes, The rising threat of atmospheric CO2: a review on the causes, impacts, and mitigation strategies, Environments 10 (4) (2023 Apr 14) 66, https://doi.org/10.3390/environments10040066.

M.A. Salam, T. Noguchi, Impact of human activities on carbon dioxide (CO2) emissions: a statistical analysis, Environmentalist 25 (2005 Mar) 19-30, https://doi.org/10.1007/s10669-005-3093-4.

C.M. Duarte, I.J. Losada, I.E. Hendriks, I. Mazarrasa, N. Marba, `O papel das comunidades vegetais costeiras na mitigação e adaptação às alterações climáticas, Nat. Clim. Change 3 (11) (2013 Nov) 961-968, https://doi.org/10.1038/nclimate1970.

D.C. Donato, J.B. Kauffman, D. Murdiyarso, S. Kurnianto, M. Stidham, M. Kanninen, Mangroves among the most carbon-rich forests in the tropics, Nat. Geosci. 4 (5) (2011 May) 293-297, https://doi.org/10.1038/ngeo1123.

D.M. Alongi, Carbon sequestration in mangrove forests (Sequestro de carbono em florestas de mangue), Carbon Manag. 3 (3) (2012 Jun 1) 313-322, https://doi.org/10.4155/cmt.12.20.

C. Nellemann, E. Corcoran (Eds.), Blue Carbon: the Role of Healthy Oceans in Binding Carbon: a Rapid Response Assessment, UNEP/Earthprint, 2009.

P.I. Macreadie, A. Anton, J.A. Raven, N. Beaumont, R.M. Connolly, D.A. Friess, J. J. Kelleway, H. Kennedy, T. Kuwae, P.S. Lavery, C.E. Lovelock, The future of Blue Carbon science, Nat. Commun. 10 (1) (2019 Sep 5) 3998, https://doi.org/10.1038/s41467-019-11693-w. [36]

Y. Zeng, D.A. Friess, T.V. Sarira, K. Siman, L.P. Koh, Global potential and limits of mangrove blue carbon for climate change mitigation, Curr. Biol. 31 (8) (2021 Apr 26) 1737-1743, https://doi.org/10.1016/j.cub.2021.01.070.

M. Lennan, E. Morgera, A Conferência de Glasgow sobre o clima (COP26), Int. J. Mar. Coast. Law 37 (1) (2022 Feb 7) 137-151, https://doi.org/10.1163/15718085-bja10083.

Painel Intergovernamental sobre as Alterações Climáticas, Relatório Completo SR15, 2014. https:// www.ipcc.ch/site/assets/uploads/sites/2/2019/06/SR15_Full_Report_High_Res. pdf.

R. Lal, Promise and limitations of soils to minimize climate change (Promessa e limitações dos solos para minimizar as alterações climáticas), J. Soil Water Conserv. 63 (4) (2008 Jul 1) 113A-8A, https://doi.org/10.2489/63.4.113A.

B. Clough, Mangrove forest productivity and biomass accumulation in Hinchinbrook Channel, Australia, Mangroves Salt Marshes 2 (1998 Dec) 191-198.

D.C. Donato, J.B. Kauffman, R.A. Mackenzie, A. Ainsworth, A.Z. Pfleeger, Wholeisland carbon stocks in the tropical Pacific: implications for mangrove conservation and upland restoration, J. Environ. Manag. 97 (2012 Apr 30) 89-96, https://doi.org/10.1016/j.jenvman.2011.12.004.

D.M. Alongi, Carbon cycling and storage in mangrove forests, Ann. Rev. Mar. Sci 6 (2014 Jan 3) 195-219, https://doi.org/10.1146/annurev-marine-010213- 135020.

K.L. McKee, P.L. Faulkner, Restoration of biogeochemical function in mangrove forests, Restor. Ecol. 8 (3) (2000 Sep) 247-259, https://doi.org/10.1046/j.1526-100x.2000.80036.x.

D.R. Cahoon, P. Hensel, J. Rybczyk, K.L. McKee, C.E. Proffitt, B.C. Perez, Mass tree mortality leads to mangrove peat collapse at Bay Islands, Honduras after Hurricane Mitch, J. Ecol. 91 (6) (2003 Dec) 1093-1105, https://doi.org/ 10.1046/j.1365-2745.2003.00841.x.

D.M. Alongi, Present state and future of the world's mangrove forests, Environ. Conserv. 29 (3) (2002) 331-349, https://doi.org/10.1017/S0376892902000231. [46] D.M. Alongi, A. Sasekumar, V.C. Chong, J. Pfitzner, L.A. Trott, F. Tirendi, P. Dixon, G.J. Brunskill, Sediment accumulation and organic material flux in a managed mangrove ecosystem: estimates of land-ocean-atmosphere exchange in peninsular Malaysia, Mar. Geol. 208 (2-4) (2004) 383-402, https://doi.org/ 10.1016/j.margeo.2004.04.016.

V. Saderne, K. Baldry, A. Anton, S. Agusti, C.M. Duarte, Caracterização do sistema de CO2 num recife de coral, num prado de ervas marinhas e num mangal no Mar Vermelho central, J. Geophys. Res: Oceans 124 (11) (2019) 7513-7528, https:// doi.org/10.1029/2019JC015266.

S. Song, Y. Ding, W. Li, Y. Meng, J. Zhou, R. Gou, C. Zhang, S. Ye, N. Saintilan, K. W. Krauss, S. Crooks, Mangrove reflorestation provides greater blue carbon benefit than afforestation for mitigating global climate change, Nat. Commun. 14 (1) (2023) 756, https://doi.org/10.1038/s41467-023-36477-1.

P. Taillardat, A.D. Ziegler, D.A. Friess, D. Widory, V.T. Van, F. David, N. Thanh-` Nho, C. Marchand, Carbon dynamics and inconstant porewater input in a mangrove tidal creek over contrasting seasons and tidal amplitudes, Geochem. Cosmochim. Ata 237 (2018) 32-48, https://doi.org/10.1016/j.gca.2018.06.012.

X.N. Wan, K.Y. Zhao, X.W. Wu, H. Bai, X.Y. Yang, J.X. Gu, Efeitos da incorporação de talo no sequestro de carbono do solo, emissões de óxido nitroso e potencial de aquecimento global de um campo de milho de verão de trigo de inverno na planície de Guanzhong, Huan Jing ke Xue = Huanjing Kexue. 43 (1) (2022) 569-576, https://doi.org/ 10.13227/j.hjkx.202105185.

C. Nwankwo, A.C. Tse, H.O. Nwankwoala, F.D. Giadom, E.J. Acra, Below ground carbon stock and carbon sequestration potentials of mangrove sediments in eastern Niger delta, Nigeria: implication for climate change, Scientific African (2023) e01898, https://doi.org/10.1016/j.sciaf.2023.e01898.

D.M. Alongi, Global significance of mangrove blue carbon in climate change mitigation, Science 2 (3) (2020) 67, https://doi.org/10.3390/sci2030067.

J.L. Johnson, J.L. Raw, J.B. Adams, Primeiro relatório sobre o armazenamento de carbono numa floresta de mangue de clima quente na África do Sul. Ciência Estuarina, Costeira e de Plataforma 235 (2020 abril 5) 106566, https://doi.org/10.1016/j.ecss.2019.106566.

K. Manoj, T. Arumugam, A. Prakash, Um estudo comparativo sobre o potencial de sequestro de carbono dos ecossistemas de mangais perturbados e não perturbados no distrito de Kannur, Kerala, Sul da Índia, Results in Engineering (2023 Dez 29) 101716, https://doi.org/10.1016/j.rineng.2023.101716.

A. Chowdhury, A. Naz, S.K. Maiti, Variations in soil blue carbon sequestration between natural mangrove metapopulations and a mixed mangrove plantation: a case study from the world's largest contiguous mangrove forest, Life 13 (2) (2023 Jan 18) 271, https://doi.org/10.3390/life13020271.

J.L. Polanía, L.E. Urrego, C.M. Agudelo, Avanços recentes na compreensão dos manguezais colombianos, Ata Oecol. 63 (2015) 82-90, https://doi.org/10.1016/j. actao.2015.01.001.

K. Kathiresan, B.L. Bingham, Biology of Mangroves and Mangrove Ecosystems, 2001, https://doi.org/10.1016/S0065-2881(01)40003-4.

I. Nordhaus, M. Wolff, Feeding ecology of the mangrove crab Ucides cordatus (Ocypodidae): food choice, food quality and assimilation efficiency, Mar. Biol. 151 (2007 Jun) 1665-1681, https://doi.org/10.1007/s00227-006-0597-5.

T.J. Smith, M.B. Robblee, H.R. Wanless, T.W. Doyle, Mangroves, hurricanes, and lightning strikes, Bioscience 44 (4) (1994 Apr 1) 256-262, https://doi.org/ 10.2307/1312230.

J. Davenport, K.D. Black, G. Burnell, T. Cross, S. Culloty, S. Ekaratne, B. Furness, M. Mulcahy, H. Thetmeyer, Aquaculture: the Ecological Issues, John Wiley & Sons, 2009 Apr 1, https://doi.org/10.1016/j.aquaculture.2003.10.004.

D.A. Milton, A.H. Arthington, Reproductive biology of Gambusia affinis holbrooki baird and girard, Xiphophorus helleri (gunther) and X. maculatus (Heckel)(Pisces; poeciliidae) in queensland, Australia, J. Fish. Biol. 23 (1) (1983 Jul) 23-41, https://doi.org/10.1111/j.1095-8649.1983.tb02879.x.

E.J. Martino, K.W. Able, Fish assemblages across the marine to low salinity transition zone of a temperate estuary, Estuar. Coast Shelf Sci. 56 (5-6) (2003 Apr 1) 969-987, https://doi.org/10.1016/S0272-7714(02)00305-0.

D.J. Macintosh, E.C. Ashton, A Review of Mangrove Biodiversity Conservation and Management, Centre for tropical ecosystems research, Universidade de Aarhus, Dinamarca, 2002.

J.J. Lorenz, A review of the effects of altered hydrology and salinity on vertebrate fauna and their habitats in northeastern Florida Bay, Wetlands 34 (Suppl 1) (2014 Jun) 189-200, https://doi.org/10.1007/s13157-013-0377-1.

S. Chatterjee, Mangrove Pitta Pitta megarhyncha de Sundarbans, Bengala Ocidental, Índia, Indian BIRDS 8 (6) (2013 Oct 15) 160-161, https://doi.org/10.2173/bow.manpit1.01.

E. Fernando, D. Wickramasinghe, V.K. Fernando, An overview of vertebrate faunal diversity in Sri Lankan mangroves, J. Coast Res. 38 (2) (2022 Mar 1) 429-448, https://doi.org/10.2112/JCOASTRES-D-21-00041.1.

L. Pettit, R. Somaweera, S. Kaiser, G. Ward-Fear, R. Shine, The impact of invasive toads (Bufonidae) on monitor lizards (Varanidae): an overview and prospectus, Q. Rev. Biol. 96 (2) (2021 Jun 1) 105-125, https://doi.org/10.1086/714483.

R.G. Dolorosa, Notes on Mangrove Snake Boiga Dendrophila Multicincta (Boulenger, 1896) in Iwahig River, Puerto Princesa City, 1896.

A. Placek, A. Grobelak, M. Kacprzak, Melhorando a fitorremediação de solos contaminados com metais pesados pelo uso de lodo de esgoto, Int. J. Phytoremediation 18 (6) (2016 Jun 2) 605-618, https://doi.org/10.1080/15226514.2015.1086308.

A. Kafle, A. Timilsina, A. Gautam, K. Adhikari, A. Bhattarai, N. Aryal, Phytoremediation: mechanisms, plant selection and enhancement by natural and synthetic agents, Environmental Advances 8 (2022 Jul 1) 100203, https://doi.org/10.1016/j.envadv.2022.100203.

N. Shabani, M.H. Sayadi, Avaliação da acumulação de metais pesados por duas macrófitas emergentes do solo poluído: um estudo experimental, Environmentalist 32 (2012 Mar) 91-98, https://doi.org/10.1007/s10669-011- 9376-z.

I. Chamba, M.J. Gazquez, T. Selvaraj, J. Calva, J.J. Toledo, C. Armijos, Seleção de uma planta adequada para fitorremediação em zonas artesanais de mineração, Int. J. Phytoremediation 18 (9) (2016 Sep 1) 853-860, https://doi.org/10.1080/15226514.2016.1156638.

Q. Wu, S. Wang, P. Thangavel, Q. Li, H. Zheng, J. Bai, R. Qiu, Phytostabilization potential of Jatropha curcas L. in polymetallic acid mine tailings, Int. J. Phytoremediation 13 (8) (2011 Sep 1) 788-804, https://doi.org/10.1080/15226514.2010.525562.

O. Richter, H.A. Nguyen, K.L. Nguyen, V.P. Nguyen, H. Biester, P. Schmidt, Phytoremediation by mangrove trees: experimental studies and model development, Chem. Eng. J. 294 (2016 Jun 15) 389-399.

H. Qin, T. Hu, Y. Zhai, N. Lu, J. Aliyeva, The improved methods of heavy metals removal by biosorbents: a review, Environ. Pollut. 258 (2020 Mar 1) 113777, https://doi.org/10.1016/j.envpol.2019.113777.

A. Wagner, J. Boman, Biomonitorização de elementos vestigiais no tecido muscular e hepático de peixes de água doce, Spectrochim. Ata B Atom Spectrosc. 58 (12) (2003 Dec 15) 2215-2226, https://doi.org/10.1016/j.sab.2003.05.003.

C. Li, K. Zhou, W. Qin, C. Tian, M. Qi, X. Yan, W. Han, Uma revisão sobre a contaminação por metais pesados no solo: efeitos, fontes e técnicas de remediação, Soil Sediment Contam.: Int. J. 28 (4) (2019 maio 19) 380-394, https://doi.org/10.1080/15320383.2019.1592108.

A. Bhargava, F.F. Carmona, M. Bhargava, S. Srivastava, Approaches for enhanced phytoextraction of heavy metals, J. Environ. Manag. 105 (2012 Aug 30) 103-120, https://doi.org/10.1016/j.jenvman.2012.04.002.

O.P. Dhankher, E.A. Pilon-Smits, R.B. Meagher, S. Doty, Biotechnological approaches for phytoremediation, InPlant biotechnology and agriculture (2012 Jan 1) 309-328, https://doi.org/10.1016/B978-0-12-381466-1.00020-1. Imprensa acadêmica.

R.R. Brooks, J. Lee, R.D. Reeves, T. Jaffr'e, Detection of nickeliferous rocks by analysis of herbarium specimens of indicator plants, J. Geochem. Explor. 7 (1977 Jan 1) 49-57, https://doi.org/10.1016/0375-6742(77)90074-7.

U.M. Luthansa, H.S. Titah, H. Pratikno, The ability of mangrove plant on lead phytoremediation at Wonorejo estuary, Surabaya, Indonesia, Journal of Ecological Engineering 22 (6) (2021) 253-268, https://doi.org/10.12911/ 22998993/137675.

H.S. Titah, H. Pratikno, B.R. Harnani, Uptake of copper and chromium by Avicennia marina and Avicennia alba at Wonorejo estuary, east-coastal area of surabaya, Indonesia, Regional Studies in Marine Science 47 (2021 Sep 1) 101943, https://doi.org/10.1016/j.rsma.2021.101943.

R. Chowdhury, P.J. Favas, J. Pratas, M.P. Jonathan, P.S. Ganesh, S.K. Sarkar, Acumulação de metais vestigiais por plantas de mangue no pântano indiano de

Sundarban: perspectivas de fitorremediação, Int. J. Phytoremediation 17 (9) (2015 Sep 2) 885-894, https://doi.org/10.1080/15226514.2014.981244.

A.P. Maxted, C.R. Black, H.M. West, N.M. Crout, S.P. McGrath, S.D. Young, Phytoextraction of cadmium and zinc from arable soils amended with sewage sludge using Thlaspi caerulescens: development of a predictive model, Environ. Pollut. 150 (3) (2007 Dec 1) 363-372, https://doi.org/10.1016/j. envpol.2007.01.021.

R. Tappero, E. Peltier, M. Gr¨ afe, K. Heidel, M. Ginder-Vogel, K.J. Livi, M.L. Rivers, M.A. Marcus, R.L. Chaney, D.L. Sparks, Hyperaccumulator Alyssum murale relies on a different metal storage mechanism for cobalt than for nickel, New Phytol. 175 (4) (2007 Sep) 641-654, https://doi.org/10.1111/j.1469-8137.2007.02134. x.

L.T. Danh, P. Truong, R. Mammucari, N. Foster, Uma revisão crítica dos mecanismos de absorção de arsénio e do potencial de fitorremediação de Pteris vittata, Int. J. Phytoremediation 16 (5) (2014 maio 4) 429-453, https://doi.org/10.1080/ 15226514.2013.798613.

E. Manousaki, N. Kalogerakis, Halophytes-an emerging trend in phytoremediation, Int. J. Phytoremediation 13 (10) (2011 Nov 1) 959-969, https://doi.org/10.1080/15226514.2010.532241.

T.J. Flowers, T.D. Colmer, Salinity tolerance in halophytes, New Phytol. (2008 Sep 1) 945-963, https://doi.org/10.1111/j.1469-8137.2008.02531.x.

F.Q. Zhang, Y.S. Wang, Z.P. Lou, J.D. Dong, Effect of heavy metal stress on antioxidative enzymes and lipid peroxidation in leaves and roots of two mangrove plant seedlings (Kandelia candel and Bruguiera gymnorrhiza), Chemosphere 67 (1) (2007 Feb 1) 44-50, https://doi.org/10.1016/j.chemosphere.2006.10.007.

Y.Y. Zhou, Y.S. Wang, A.I. Inyang, Ecophysiological differences between five mangrove seedlings under heavy metal stress, Mar. Pollut. Bull. 172 (2021 Nov 1) 112900, https://doi.org/10.1016/j.marpolbul.2021.112900.

H. Zhao, J. Tang, W.J. Zheng, Caraterísticas fisiológicas e de crescimento de mudas de Kandelia obovata sob estresse de Cu 2+, Mar. Sci. 40 (2016) 65-72.

X. Shen, R. Li, M. Chai, S. Cheng, Z. Niu, G.Y. Qiu, Efeitos interactivos de metais vestigiais simples, binários e trinários (chumbo, zinco e cobre) nas respostas fisiológicas das plântulas de Kandelia obovata, Environ. Geochem. Health 41 (2019 Feb 15) 135-148, https://doi.org/10.1007/s10653-018-0142-8.

Y. Wu, Z. Leng, J. Li, C. Yan, X. Wang, H. Jia, L. Chen, S. Zhang, X. Zheng, D. Du, Sulfur mediated heavy metal biogeochemical cycles in coastal wetlands: from sediments, rhizosphere to vegetation, Front. Environ. Sci. Eng. 16 (8) (2022 Ago) 102, https://doi.org/10.1007/s11783-022-1523-x.

W.R. Khan, F. Rasheed, S.Z. Zulkifli, M.R. Kasim, M. Zimmer, A.M. Pazi, N. A. Kamrudin, Z. Zafar, I. Faridah-Hanum, M. Nazre, Phytoextraction potential of Rhizophora apiculata: a case study in Matang mangrove forest reserve, Malaysia, Trop. Conserv. Sci. 13 (2020 Ago) 1940082920947344, https://doi.org/ 10.1177/1940082920947344.

M. Rumanta, O potencial de Rhizophora mucronata e Sonneratia caseolaris para fitorremediação da poluição por chumbo em Muara Angke, Jacarta do Norte, Indonésia, Biodiversitas Journal of Biological Diversity (8) (2019 Jul 14) 20, https://doi. org/10.13057/biodiv/d200808.

M. Mahmudi, A. Adzim, D.H. Fitri, E.D. Lusiana, N.R. Buwono, S. Arsad, M. Musa, Desempenho de Avicennia alba e Rhizophora mucronata como bioacumulador de chumbo na estância de bakau de gaio de abelha, Indonésia, Journal of Ecological Engineering 22 (2) (2021) 169-177, https://doi.org/10.12911/22998993/131032.

K. Mei, J. Liu, J. Fan, X. Guo, J. Wu, Y. Zhou, H. Lu, C. Yan, O arsenito de baixo nível aumenta a exsudação rizosférica de ácidos orgânicos de baixo peso molecular de mudas de mangue (Avicennia marina): fitoextração, remoção e desintoxicação de arsênio, Sci. Total Environ. 775 (2021 Jun 25) 145685, https://doi.org/ 10.1016/j.scitotenv.2021.145685.

Lógica Difusa - Avaliação Básica de Riscos em Engenharia Civil

Shahide Dehghan[1], Hossein Norouzi[2] Hossein Gholami[3]

[1]Departamento de Geografia, Secção de Najafabad, Universidade Islâmica Azad, Najafabad, Irão

[2] Departamento de Engenharia Civil, Isfahan (Khorasgan) Branch, Islamic Azad University, Isfahan, Irão

[3]Departamento de Engenharia Civil, Isfahan (Khorasgan) Branch, Islamic Azad University, Isfahan, Irão

2026

Printed by Books on Demand GmbH, Norderstedt / Germany